The World of 5G

The World of 5G
Intelligent Manufacturing

总顾问 / 邬贺铨　总主编 / 薛泉

5G的世界

智能制造

郭继舜　主编

SPM 南方出版传媒
广东科技出版社 | 全国优秀出版社
·广州·

图书在版编目（CIP）数据

智能制造 / 郭继舜主编. —广州：广东科技出版社，2020.8（2024.6重印）
（5G的世界 / 薛泉总主编）
ISBN 978-7-5359-7520-1

Ⅰ.①智… Ⅱ.①郭… Ⅲ.①无线通信—移动通信—通信技术—应用—智能制造系统 Ⅳ.①TH166-39

中国版本图书馆CIP数据核字（2020）第122896号

智能制造

The World of 5G
Intelligent Manufacturing

出 版 人：朱文清
项目策划：严奉强 刘 耕
项目统筹：刘锦业 湛正文
责任编辑：湛正文 刘 耕 刘锦业
封面设计：彭 力
责任校对：陈 静
责任印制：彭海波
出版发行：广东科技出版社
（广州市环市东路水荫路11号 邮政编码：510075）
销售热线：020-37607413
https://www.gdstp.com.cn
E-mail：gdkjbw@nfcb.com.cn
经 销：广东新华发行集团股份有限公司
排 版：创溢文化
印 刷：广州市东盛彩印有限公司
（广州市增城区新塘镇太平洋工业区十路2号 邮政编码：510700）
规 格：889mm × 1 194mm 1/32 印张5 字数100千
版 次：2020年8月第1版
2024年6月第3次印刷
定 价：29.80元

“5G的世界”丛书编委会

《智能制造》

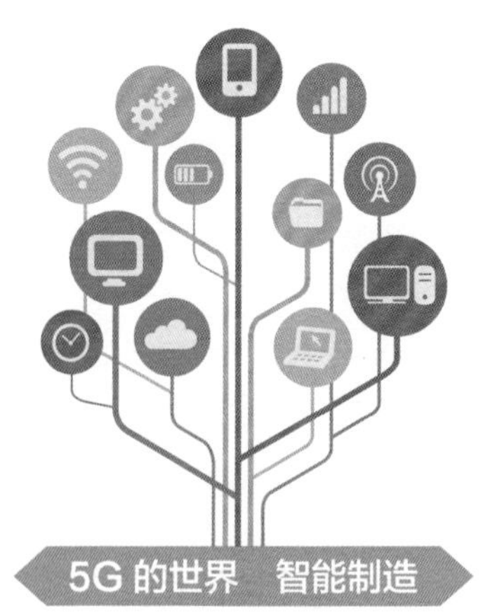
5G 的世界　智能制造

序一

5G赋能社会飞速发展

5G是近年来全球媒体出现频次最高的词汇之一。5G之所以如此引人注目，是因为无论从通信技术本身还是从由此可能引发的行业变革来看，它都承载了人们极大的期望。回顾人类社会的发展历程，技术变革无疑是最大的推手之一。前两次工业革命，分别以蒸汽机和电力的发明为主要标志，其特征分别是机械化和电气化。当历史的车轮驶入21世纪，具有智能化特征的新一轮产业革命呼之欲出，它对人类文明和经济发展的影响将不亚于前两次工业革命。那么，它的推手又是什么呢？相比前两次工业革命，推动新一轮产业革命的不再是单一的技术，而是多种技术的融合。其中，移动通信、互联网、人工智能和生物技术，是具有决定性影响的元素。

作为当代移动通信技术制高点的5G，它是赋能上述其他几项关键技术的重要引擎。同时我们也可以看到，5G出现在互联网发展最需要新动能的时候。在经历了几乎是线性的快速增长之后，中国互联网用户数增长速度在下降，移动电话用户普及率接近天花板。社会生活的快节奏激活了网民对短、平、快新业态的追求，提速降费减轻了宽带上网的资费压力，短视频、小程序风生水起……但这些还是很难担当起互联网新业态的大任。互联网的下一步发展需要新动能、新模式来破解这个难题。被看作互联网下半

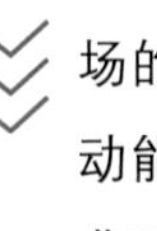

场的工业互联网刚刚起步，其新动能还难以弥补消费互联网动能的不足。目前正是互联网发展新旧动能的接续期，在消费互联网需要深化、工业互联网正在起步的时候，5G的出现正当其时。

5G是最新一代蜂窝移动通信技术，特点是高速率、低时延、广连接、高可靠。和4G相比，5G峰值速率提高了30倍，用户体验速率提高了10倍，频谱效率提升了3倍，移动性能支持时速500km的高铁，无线接口时延减少了90%，连接密度提高了10倍，能效和流量密度均提高了100倍，能支持移动互联网和产业互联网的诸多应用。相比前四代移动通信技术，5G最重要的变化是从面向个人扩展到面向产业，为新一轮产业革命需要的万物互联提供不可或缺的高速、巨量和低时延连接。因此，5G不仅仅是单纯的通信技术，更是一种重要的“基础设施”。

在全社会都在谈论5G、期待5G的大背景下，广东科技出版社牵头组织了这套丛书的编撰发行，面向社会普及5G知识，以提高国民科学素养，适逢其时，也颇有文化传承担当。与市面上已经出版的众多关于5G的书籍相比，这套丛书具有突出的特色。首先，总主编薛泉教授是毫米波与太赫兹领域的专家，近年来一直聚焦5G前沿核心技术的研究，由他主导本丛书的编撰并由其团队负责《5G的世界　万物互联》这一分册的撰写，可以很好地把握5G技术的科普呈现方式。另外，丛书聚焦5G在垂直行业的融合应用，正好契合社会对5G的关切热点。编撰团队包括华南理工大学广东省毫米波

与太赫兹重点实验室、广州汽车集团股份有限公司汽车工程研究院、南方医科大学、广州瀚信通信科技股份有限公司、创维集团有限公司等的行业专家，由他们分别主编相应的分册。这套丛书不仅切中行业当前的痛点，而且对5G赋能行业的未来也有恰如其分的畅想，对于期待新技术赋能实现新一轮产业变革的社会大众，将是不可多得的科普书籍。本套丛书首期发行5个分册。

难能可贵的是，本丛书在聚焦5G与其他技术融合为垂直行业带来巨变的同时，也探讨了技术进步可能为人类带来的负面作用。在科学技术的进步过程中，对人性、伦理、道德、法律等的坚守必不可少。在加速推进科技发展的同时，人类的人性主导和思考能力不能缺席，“安全阀”和“刹车”的设置不可或缺。我们需要认清科技的“双刃剑”作用，以便更好地扬长避短，化被动为主动。

5G已经呼啸而来，其对人类社会发展的影响将不可估量。让我们一起努力，一起期待。

（中国工程院院士）

2020年5月

二

5G是垂直行业升级发展的引擎

众所周知，我们正在逐步迈向一个数字化的时代，很多行业和技术都将围绕数据链条来展开。在这个链条当中，移动通信技术发挥的主要作用就是数据传输。如果没有高速率通信技术的支撑，需要高清视频、多设备接入和多人实时的双向互动等性能的应用就很难实现。5G作为最新一代蜂窝移动通信技术，具备高速率、低时延、广连接、高可靠的特点。

2020年是5G商用元年，预计到2035年左右5G的使用将达到高峰。5G将主要应用于以下7大领域：智能制造、智慧城市、智能电网、智能办公、智慧安保、远程医疗与保健、商业零售。在这7大领域中，预计有接近50%的5G组件将被应用到智能制造，有接近18.7%将被应用到智慧城市建设。

5G的重要性，不仅体现在对智能制造等行业升级换代的极大推动，还体现在和人工智能的下一步发展也有直接的关联。人工智能的发展，需要大量的用户案例和数据，5G物联网能够提供学习的数据量是4G根本无法比拟的。因此，5G物联网的发达，对人工智能的发展具有十分重要的推动作用。依托5G可推进诸多垂直行业的升级换代，也正因为如此，5G的领先发展，成为推动国家科技和经济发展的重要引擎，也成为中美在科技领域争夺的焦点。

在这样一个大背景下，广东科技出版社牵头组织“5G

的世界”系列图书的编写发行，聚焦5G在诸多行业的融合应用及赋能，包括制造、医疗、交通、家居、金融、教育行业等。一方面，这是一项很有魄力和文化担当的举措，可以向民众普及5G的知识，提升国民科学素养；另一方面，对于希望了解5G技术与行业融合发展趋势的业界人士，本丛书也极具参考价值。

这套丛书由华南理工大学广东省毫米波与太赫兹重点实验室主任薛泉教授担任总主编。薛泉教授作为毫米波与太赫兹技术领域的专家，既能把控丛书的科普特色，又能够确保将技术特色准确而自然地融汇到各分册之中。这套丛书计划分步出版发行，首发5个分册，包括《5G的世界　万物互联》《5G的世界　智能制造》《5G的世界　智慧医疗》《5G的世界　智慧交通》和《5G的世界　智能家居》。这套丛书的编撰团队颇具实力，除《5G的世界　万物互联》由华南理工大学广东省毫米波与太赫兹重点实验室技术团队撰写之外，其余4个分册由相关行业专家主笔。其中，《5G的世界　智能制造》由广州汽车集团股份有限公司汽车工程研究院的专家撰写，《5G的世界　智慧医疗》由南方医科大学的专家撰写，《5G的世界　智慧交通》由广州瀚信通信科技股份有限公司撰写，《5G的世界　智能家居》由创维集团有限公司撰写。这种跨行业组合而成的撰写团队，具有很强的互补性和专业系统性。一方面，技术专家可以全面把握移动通信技术演变及5G关键技术的内容；另一方面，行业专家又能够准确把脉行业痛点、分析各行业与5G融合的利好与挑战，围绕中

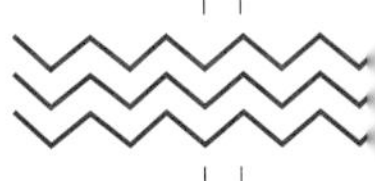

心切中肯綮，并提供真实生动的案例，为业界同行提供很好的参考。

这套丛书的新颖之处，除了生动描述5G技术与行业融合可能带来的巨大变化之外，对于科技的高歌猛进可能给人类带来的负面影响也进行了探讨。在高科技飞速发展的今天，人性、伦理、思想不应该缺席，需要对技术进行符合科学和伦理的利用，同时设置必不可少的“缓冲垫”和“安全阀”。

（中国科学院院士）

2020年7月

目录

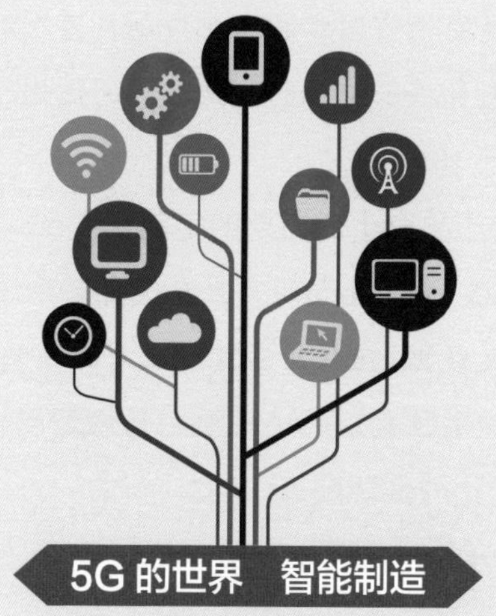
5G 的世界　智能制造

第一章

时代在召唤：第四次工业革命的机遇与挑战

一、前三次工业革命

工业革命起始于18世纪60年代的英国，不仅对英国社会产生了深远影响，更是改变了人类的生产、生活方式，改变了企业的生产运作和管理模式。企业组织形式从第一次工业革命的手工工场、工厂制到第二次工业革命的科层制，再到第三次工业革命的股份制，其间涌现出许多管理方法，每次工业革命的发生都是对该时期企业的优化。

（一）第一次工业革命

对于第一次工业革命，大部分学者认为起始于18世纪60年代，终止于19世纪中叶。第一次工业革命以蒸汽机的发明与应用为主要标志（图1-1），在其中的几十年间，英国出现了一系列

图1-1　第一次工业革命

的技术发明，引领人类社会由人力时代进入机械化时代。这些发明首先改变了英国棉纺织业的生产方式，随后迅速扩展到毛纺织业及其他行业，开启了世界工业化发展的历史。

第一次工业革命的具体表现如下：①产业投入要素的相对重要性开始发生转变，从劳动力转向了资本，呈现手工工场的组织模式。②机器生产开始取代手工劳动，工厂制替代手工工场。③各企业之间的关联性增大，原有产业结构由第一产业向第二产业转变。④城市化进程开启。

需要注意的是，在第一次工业革命期间，纺织等行业的新机器发明人主要以具有丰富经验的技工为主，他们缺乏科学指导，大大阻碍了英国后期的工业化进程。

（二）第二次工业革命

第二次工业革命（图1–2）开始于19世纪50年代，终止于20世纪初期，以内燃机、电力、石油的广泛应用为主要标志。在第二次工业革命期间，出现了一大批令人瞩目的发明，具有代表性的是1831年迈克尔·法拉第（“电学之父”“交流电之父”）首次发现了电磁感应现象，并发明了人类历史上第一台发电机——圆盘发电机，发电机技术的使用替代了蒸汽机在工厂的使用。新发明、新技术不断投入工厂应用，对原有工业体系形成较大的冲击，工业体系开始重构，人类开始步入电气化时代。

图1-2　第二次工业革命

第二次工业革命的具体表现如下：①产业劳动生产率大大提高。②企业内部的组织管理模式和生产方式升级。③产业组织的集中趋势明显。④重化工业为国家整体增长提供驱动力。

（三）第三次工业革命

第三次工业革命开始于20世纪40—50年代，终止于20世纪90年代，计算机和半导体技术的发展催生了此次革命。与前两次工业革命相比，第三次工业革命的产业不再依赖于电力、飞机制造、石油、化工等行业，生产中的最重要投入要素不再是劳动力和资本，其产业变革和经济增长来源于化学元素硅所创造出的产品及技术，实现了从第一次工业革命的机械化、第二次工业革命的电气化到第三次工业革命的自动化的跨越。

第三次工业革命的具体表现如下：①信息技术表现融合性特征。②企业生产、管理、组织形式变化明显。③产业结构出现“软化”和高级化趋势。

二、第四次工业革命的开端

随着全球信息化的普及，从20世纪90年代开始，多领域的科技创新集群开始在全球范围涌现，比如：互联网、云计算、量子科技、人工智能、大数据和生物科学等。如图1–3所示，第四次工业革命智能化来临，在推动科技革命和产业发生变革的同时，也为世界各国各行业发展带来机遇与挑战，各国开始在智能制造上布局，提出了各自的应对策略——德国提出了“工业4.0”、美国提出了“国家制造业创新网络”、日本提出了“工业价值链”等。

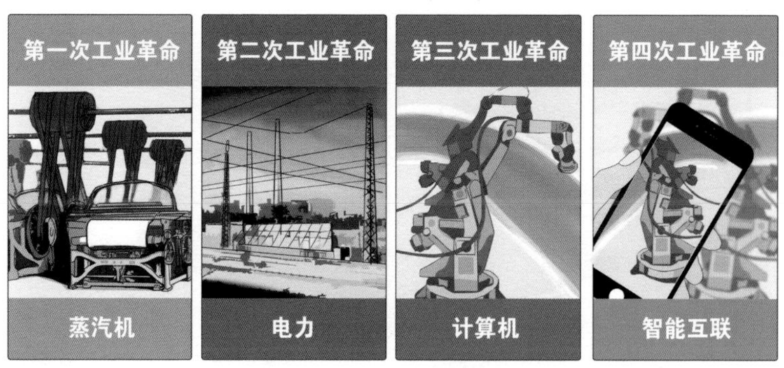

图1–3　四次工业革命的进程

（一）德国“工业4.0”

从20世纪70年代开始，计算机与信息技术成为第三次工业革命的核心技术。在发达国家，工业制造有90%以上依赖于计算

机与信息技术，人类的生活、工作、学习发生了根本性变革。在2013年的汉诺威工业博览会上，德国政府正式提出了“工业4.0”，指出其是以智能制造为主导的第四次工业革命。该项目由德国联邦教研部与联邦经济技术部联合资助，在德国工程院、弗劳恩霍夫协会、西门子公司等德国学术界和产业界的建议和推动下形成，并已上升为国家级战略，德国政府投入达2亿欧元。开始“工业4.0”的重要前提是实现工业的自动化，提高制造业的智能化水平，主要在电气工程和机器制造领域。德国“工业4.0”参考架构如图1-4所示。

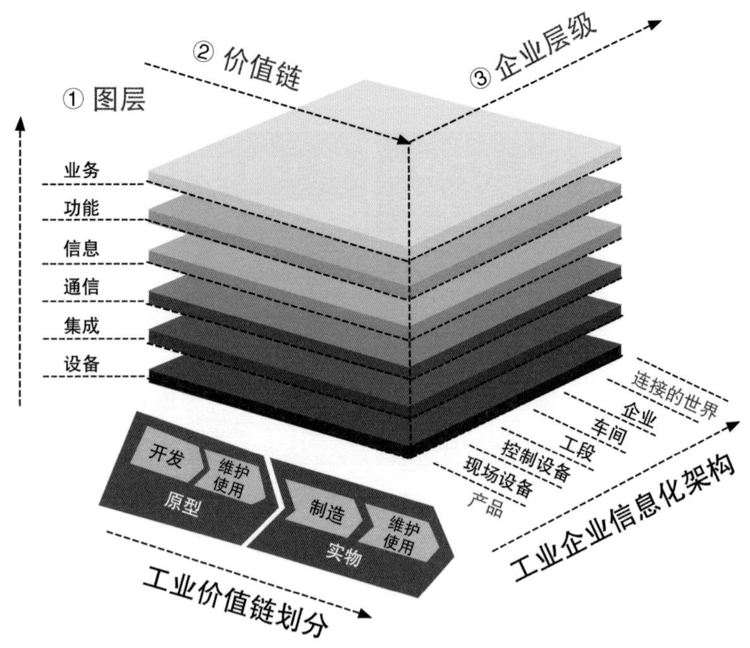

图1-4　德国“工业4.0”参考架构

“工业4.0”的核心是以信息物理融合系统（cyber physical system，CPS）为基础，实现四个智能化转型：智能工厂、智能生产、智能物流和智能产品。①智能工厂。主要研究智能化生产系统及过程、网络化分布式生产设施的实现。②智能生产。主要涉及企业生产过程中对物流管理、人机互动及3D打印技术的应用。③智能物流。主要利用物联网和互联网整合所有物流信息，将物流资源需求方和供应方紧密联系，迅速匹配物流信息。④智能产品。主要是指在新工业革命时期生产出的工业产品，即拥有基于集成价值网络的智能制造，支持物联网和务联网的智能工厂，以及智能化生产线的整个生产流程。

（二）美国“国家制造业创新网络”

21世纪初期，跨国企业不断出现，美国本土大量制造业外流，出现“产业空心化”。2008年，美国由于对虚拟经济领域（如金融、服务业）的严重依赖，爆发了金融危机，并波及全球。2010年前后，中国的制造业增加值超过美国，这使得美国制造业在全球的地位发生变化。在金融危机后，美国开始思考虚拟经济的消极影响，逐渐开始振兴实体经济，颁布了一系列针对实体经济的计划。2009年12月，美国颁布《重振美国制造业框架》，以财政支持、投资引导等方式支持制造业的发展。2011年，总统科技顾问委员提出了《确保美国先进制造业领先地位战略》，推动了美国“先进制造业伙伴计划”和“振兴美国制造业和创新法案”的出台。2012年，美国总统奥巴马提出构建“国家制造业创新网络”，建立了创新试点机构，并在2013年投资了

10亿美元。2014年，“国家制造业创新网络”设想被提出并通过法案确定下来。2016年，“国家制造业创新网络”更名为“美国制造”。以上过程大致可以总结为3个阶段，即降低制造业成本、建立国家制造业创新网络、重塑美国制造。

美国政府通过鼓励科技创新、放松政策等促进制造业发展，注重人才培养与吸引高科技人才、促进出口等战略，引导在国外的制造业回国发展，强化其在制造业中的优势地位。在多种政策的引导下，从2009年开始，美国制造业增加值逐年升高，到2016年已达到2007年金融危机前的最高水平，如图1–5所示。“国家制造业创新网络”强调提高制造业的创新能力，“美国制造”强调创新的产品化、商业化。在“美国制造”的政策下，2017年美国新增6家创新机构，智能创新研究所达到14所。用于研发项目的联邦资金份额不断增加，联邦资金与非联邦资金比例由预定的1∶1变为1.5∶1，在项目资金的支持下，研发项目总数也在不断增加，同时创新系统成员总数增长50%以上。

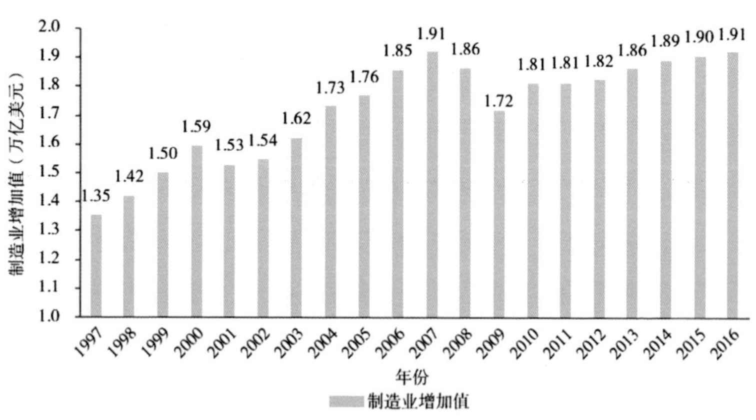

图1–5　美国制造业增加值随时间的变化情况

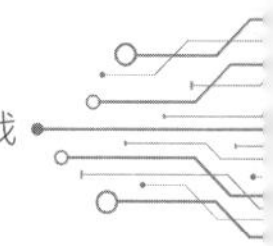

（三）日本“工业价值链”

日本自第二次世界大战以来，在汽车电子、微电子和精密机械方面逐渐处于全球领先地位，日本的智能制造大概从20世纪90年代开始。在1990年，日本制订了十年的发展计划，开启了制造业的“智能化”时代。1995年，日本提出“科技创新立国”战略，为智能化的生产提供了政策支持。进入21世纪后，日本制订的《科学技术基本计划》将新兴产业作为重点发展方向，如信息技术、纳米技术和生物技术等产业。从2015年开始，日本针对智能制造发展提出一系列举措，主要有机器人新战略、工业价值链计划、互联工业战略、制造业白皮书、科学技术创新综合战略等。2018年，Morgan Stanley（摩根士丹利公司）发布消息：2018—2020年，日本的大型企业在智能制造领域的支出将由10.6%上涨到22.8%。

日本工业价值链计划由机械工程学会启动，目前已构建了“官产学研”一体化的合作体系，此计划最初是为智能制造中的中小企业解决技术开发过程中的重复性问题，为企业节约人力、物力、财力及时间成本所设计的。2016年12月，日本工业价值链促进会（Industrial Value Chain Initiative，IVI）发布了《工业价值链参考架构》，从图1-6可以看到，智能制造单元的三个维度分别是资产视图、管理视图和活动视图。在智能制造通用功能模块中，智能制造单元可根据不同层级进行多种组合，全方位、多视角展现工业链（图1-7），形成智能工厂之间互联互通模式。工业制造链参考架构为智能制造战略的实施提供了强有力的理论支

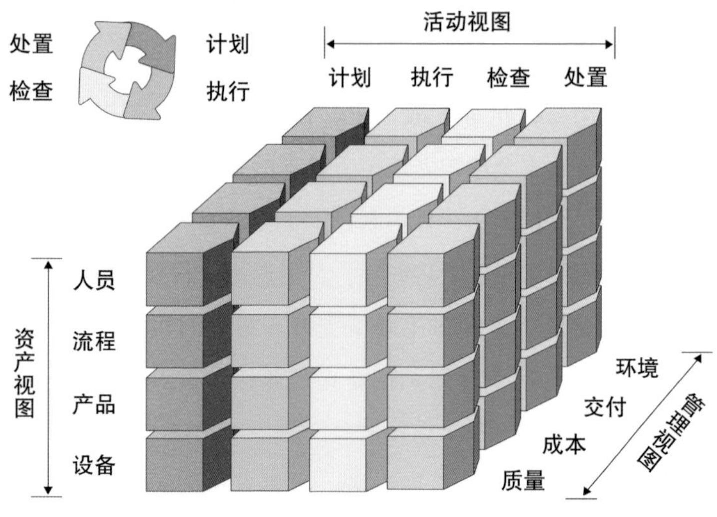

图1-6　智能制造单元三维模式

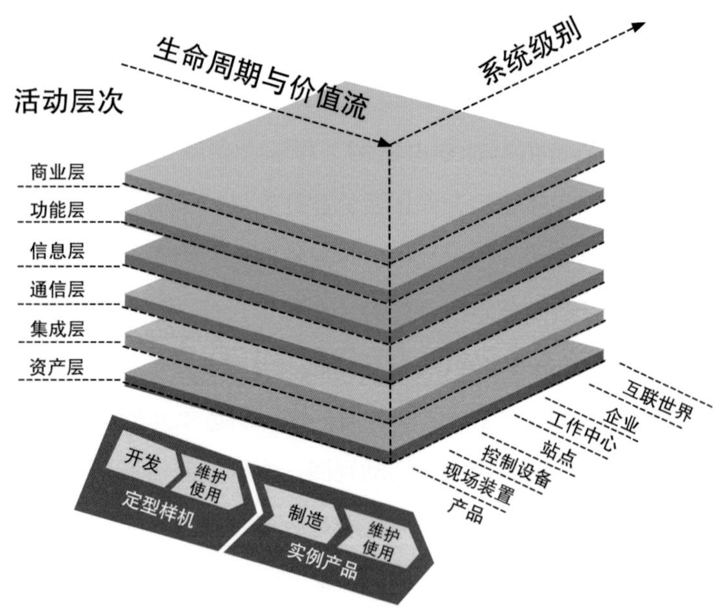

图1-7　智能制造通用功能模块（GFB）

持，体现了日本在智能制造业方面的强大优势。2018年3月，工业价值链计划推出新一代的工业价值链参考架构，进行了更深层次的优化，实用性有较大提高。

三、机遇与挑战

中华人民共和国成立以来，中国的制造业经历了“向苏联学工业体制”到“改革开放，企业代工”，再到“中国制造的崛起”的过程。20世纪80年代，“国产”开始走进千家万户，中国作为第三次工业革命的后来者，仅用了20多年的时间便完成了第三次工业革命。20世纪90年代，随着国家对制造业政策的放开，中国完成了从计划经济向市场经济的转型，从1978年到1998年，中国的制造业在全球的比重增长到6%。进入21世纪后，中国的制造业更是大规模扩展，截至2007年，中国制造业在全球的比重增长到13%，仅次于美国。

中国制造业在完成飞速发展的同时也受到了阻碍，即中国缺乏核心的自主技术，特别是在高端专用芯片上，计算机和服务器中95%的芯片依赖进口。从2008年开始，中国制造业开始更加注重技术创新，在此期间涌现出一大批优秀企业，如华为、美的、小米、大疆和格力等。

目前，第四次工业革命正推动着中国走上智能化道路，“智能制造”更是各国工业发展的制高点，为打造具有国际竞争力的制造业，实现传统制造业的升级转型，更多地吸收和借鉴国外经验，中国在2014年与德国签署了《中德合作行动纲要：共塑创新》，推动两国在移动互联网、物联网、云计算、大数据等领域的合作。

借鉴了德国的“工业4.0”经验，2015年，我国针对智能制

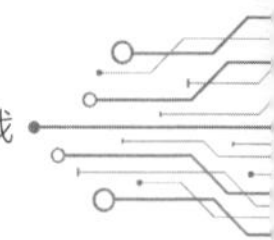

造也制订了行动计划，即由国务院发布了《中国制造2025》，目前该计划已在部分地区开始试点工作。《中国制造2025》将建设制造强国的进程大致分为三个阶段：到2025年，制造业整体素质大幅提升，创新能力显著增强，全员劳动生产率明显提高，两化（工业化和信息化）融合迈上新台阶；到2035年，我国制造业整体达到世界制造强国阵营中等水平；到2045年，制造业大国地位更加巩固，综合实力进入世界制造强国前列，如图1-8所示。

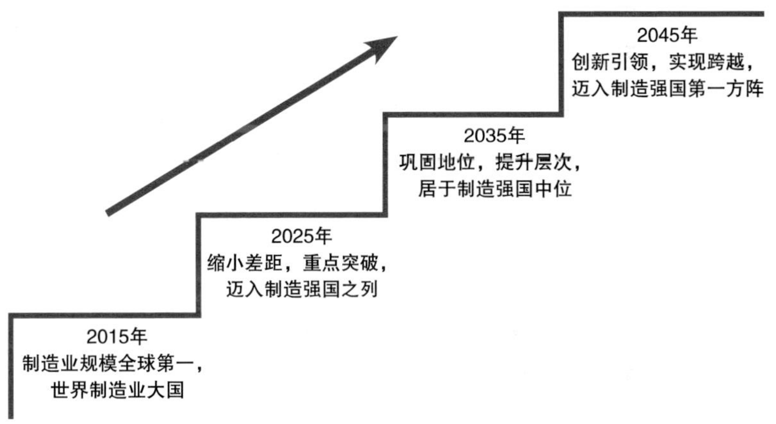

图1-8《中国制造2025》的阶段进程

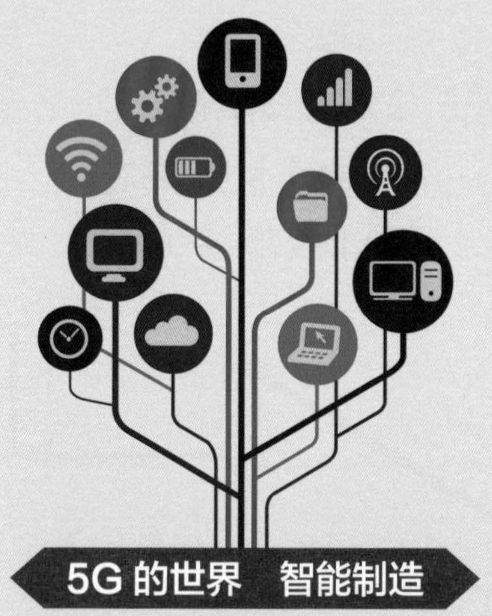
5G 的世界　智能制造

乘风破浪：智能制造是引领第四次工业革命的关键

智能制造，顾名思义，就是指制造业生产活动的智能化，它是以互联网技术为代表的高新技术与制造业的结合，是第四次工业革命的核心。工业革命以来，制造业一直是与人类活动关系最密切的产业之一，它属于工业的一个核心分类，其任务是根据市场要求，把制造资源转化为可供人们使用的工具、工业品与消费产品。在人类发展的路径中，科技进步一直频繁地与制造业发生“化学反应”，不断催生出更先进、更高效的生产技术，将更多更好的产品摆到人们的眼前。同时，科技的发展也在不断地丰富着制造业的生产和管理模式，让这个历史悠久的产业不断爆发出新的活力和向未来迈进的冲击力。

如图2-1所示，回顾工业发展的3个大阶段，每一次制造业生产和管理水平飞跃的背后，都藏着科技进步的影子。第一次工业革命中，以蒸汽机为代表的技术进步催生了机械生产和作坊式

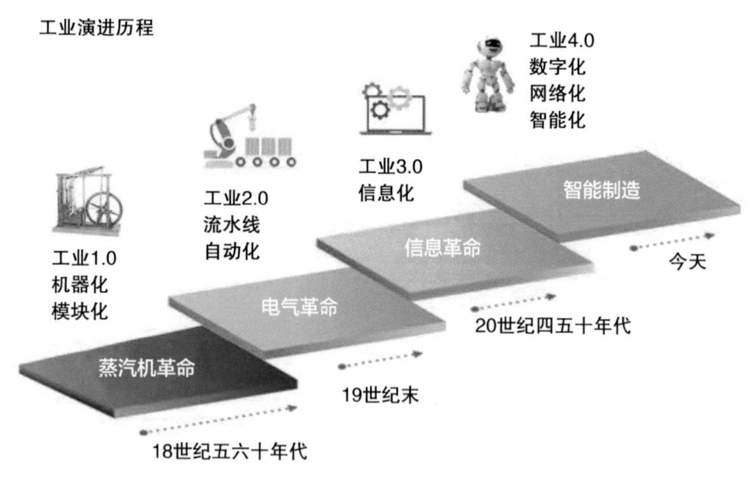

图2-1　工业革命进程带来的制造业变革

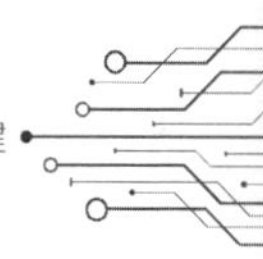

管理的企业，即制造业的雏形。第二次工业革命给制造业带来了生产线大批量生产的飞跃，另外，科学管理理论的创立促进了制造技术的细化分工和制造系统的功能分解，形成以科学管理为核心的标准化、流程化的管理模式。在第三次工业革命中，电子与信息技术的广泛应用进一步提高了制造过程的自动化控制程度，机器不仅进一步接管了人类的体力劳动，而且逐渐开始尝试接管人类的脑力劳动。21世纪开始，我们走向了智能化的时代，互联网、大数据、云计算、物联网等一大批高新技术得到了蓬勃发展，这些新技术会与制造过程的各个环节进行深度融合，给制造业再次带来新的升级方向——智能制造。

然而，智能制造究竟指什么？它解决了哪些棘手的问题？5G在其中又会发挥着什么样的作用？本章将尝试对这些问题做出阐释。

一、初识智能制造

在近几年比较重要的国家级产业升级计划（图2-2）中，无论是中国的《中国制造2025》、美国的“国家制造业创新网络”，还是德国的“工业4.0”，都把制造业作为重点升级的对象。在我国工业和信息化部公布的《2015年智能制造试点示范专项行动实施方案》一文中，可以找到对智能制造的定义：基于新一代信息技术，贯穿设计、生产、管理、服务等制造活动各个环节，具有信息深度自感知、智慧优化自决策、精准控制自执行等功能的先进制造过程、系统与模式的总称。而美国智能制造创新研究院对智能制造的定义是：智能制造是先进传感、仪器、监测、控制和过程优化的技术和实践的组合，它们将信息和通信技

美国：国家制造业创新网络
◆占据新工业世界翘楚地位
◆对传统工业进行物联网式的互联直通
◆对大数据进行智能分析和智能管理

德国：工业4.0
◆引领新制造业潮流
◆强大的机械工业制造基础
◆嵌入式以及控制设备的先进技术和能力

中国：《中国制造2025》
◆制造大国向制造强国转型
◆以加快新一代信息技术与制造业深度融合为主线
◆以智能制造为主攻防线

图2-2　三大国家级产业升级计划

术与制造环境融合在一起，实现工厂和企业中能量、生产率、成本的实时管理。

由相关研究部门对智能制造的介绍来看，智能制造的内容会涉及在制造业全面应用当前新一代信息技术，包括传感技术、测试技术、信息技术、数控技术、数据库技术、数据采集与处理技术、互联网技术、人工智能技术等，以对传统制造过程、系统和模式进行全面的升级，而这种升级将以智能工厂作为整体形式呈现。

之所以将这种高新信息技术和制造过程各个环节的融合称作"对传统制造业的升级"，是因为传统制造业在面对时代新需求（如差异化和个性化的生产、全球响应速度、环保以及进一步提升能效等）时出现了应对乏力的问题，要解决这些新问题，需要制造业提出全新的思路，而不仅仅是在传统核心要素上进行简单升级。

传统制造行业有五大核心要素。在以往三次工业革命中，满足时代新需求的关键往往都是围绕如下5个要素进行技术升级：

（1）Material——材料，包括特性和功能等。

（2）Machine——机器，包括精度、自动化和生产能力等。

（3）Methods——方法，包括工艺、效率和产能等。

（4）Measurement——测量，包括传感器监测等。

（5）Maintenance——维护，包括使用率、故障率、运维成本等。

这些要素很好地概括了传统制造业的所有重点工作板块。传统的针对这些要素的改善和升级，都是围绕着专业人员的经验迭

代进行的。无论科技给生产技术、系统和模式带来多大的进步，所做改进的运行逻辑始终是：发现问题→人借助既有经验分析问题→人根据分析的结论对五大要素进行调整→解决问题→人积累新经验。

在这种调整模式下，生产过程中出现的问题得以解决，并能不断得出新的生产经验，这种模式在过往历史中很好地适应了时代的发展需求，但放到如今确实有点不适应新的生产模式。由于目前市场和生产的全球化联结已经达到一个前所未有的程度，制造业要在这种环境下保持竞争力，就需要对市场全球化作出快速反应。另外，随着目前消费市场竞争程度的加剧，根据消费者需求实现差异化和定制化生产成为一个重要的趋势，这些都需要制造型企业保持高度的灵敏性，随时对生产作出灵活调整。21世纪以来，人口老龄化的趋势为劳动力缺失埋下了隐患，而节能也成为越来越紧迫的需求，这不仅是空泛的口号，同时要求制造业更深入地加快自动化进程，更精准、细致地把控生产和管理中的细节，以达到提高能效的目的。在这样的背景下，继续把漫长而僵化的生产线丢到冗长而复杂的流程中、由人来不断调整和试错显然不是一个好主意。无论是在效率上还是在效果上，这种以人为核心的调整管理机制都难以跟上瞬息万变的需求脚步。

而智能制造系统有了高新信息技术的支持，能够给予制造业以往不具备的灵活性和精细度，一个重要的原因是：它让制造业获得了5大核心要素之外的第6个M，也就是建模（Modeling——数据和知识建模，包括监测、预测、优化和防范等），如图2-3所示。

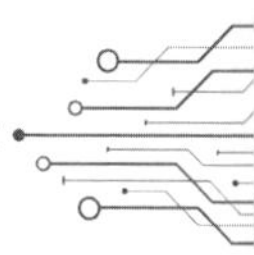

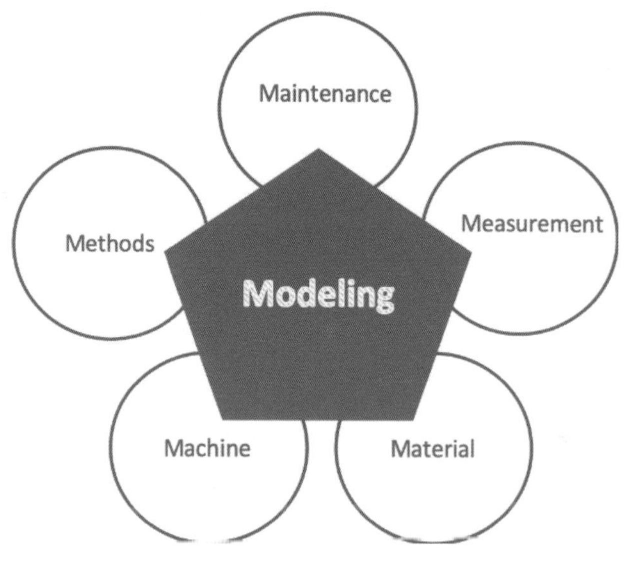

图2-3　智能制造的6M要素

通过第6个M，原先的5个要素可以被高效驱动，从而解决和避免制造过程中的问题和隐患。相对于传统制造业解决问题的思路，智能制造时代运行的基本逻辑应该是：发现问题→模型分析问题→模型调整5个要素→解决问题→模型积累经验并分析问题的根源→模型调整5个要素→避免问题。

可以看出，智能制造所要解决的新问题是优化知识的产生与传承过程，这恰恰是目前计算机科学发展的一个重要的前沿方向，5G的出现则让智能制造的一切速度需求都得到了最大限度的满足，同时也让工厂、设备、消费者和管理者之间的关系呈现出全新的面貌。发展的问题由发展来解决，新时代的需求由新时代的科技来满足，如果说越来越刁钻的市场需求让制造业从业

者一筹莫展，那么让工厂和设备也开始一起“高速思考并加入沟通”可能是个不错的办法。

当然，提出设想总是简单的，下一节我们来看看智能制造的具体特点和内涵。

二、智能制造，智能在哪？

（一）智能制造的特点

在开始进一步深究智能制造之前，我们先来设置一个简单的场景：

Sara想为自己的办公室购置一台办公设备A，作为一个文艺青年，Sara对办公设备的要求也很有趣：外观符合自己的审美，不想要的功能不要有。出于这些需求，她在心里敲定了一种奇怪的颜色，兴冲冲地打开网页开始挑选产品，然而迎接她的是失望的结果。首先，在她预算范围内的产品里，颜色这方面几乎是二选一，根本没有她想要的；其次，当她好不容易找到一款简洁、优雅的产品，完全符合她对功能的需求，却发现缺货了。在Sara锲而不舍的追问下，客服人员给出了解释：原来该厂的主营产品是另一种办公设备B，所以厂内的生产线大多是生产设备B的，然而这个月设备A的销量出人意料地远高于设备B，厂家无法在短时间内整合这么多生产线来生产设备A，于是导致了缺货。

虽然这是个虚构的例子，但这种买东西遇到缺货或购买需求无法完全得到满足的感觉，相信大家并不陌生。从这个例子出发，我们可以提出很多对制造环节改善的疑问：

（1）能不能针对更多产品实现更细分的定制化制造，给客户提供个性化定制的产品？

（2）工厂的不同生产线之间能不能快速调整、灵活整合，

以跟上此消彼长的需求变化，同时保持足够低的成本？

（3）能不能使用机器人、智能机床和3D打印等灵活变化的生产方式，来“柔性化”大批量刚性生产的生产线？

（4）一旦使用大量智能设备，则必然会产生海量的数据，并需要对其进行监测、分析和决策，工厂的设备和技术能否提供高性能的通信和运算支撑？

这些简单的问题远远不足以表达清楚智能制造要实现的任务，我们仅用它们来勾勒出智能制造的轮廓，以引出智能工厂的图景，以及智能制造之所以“智能”的几个特征，如图2-4所示。

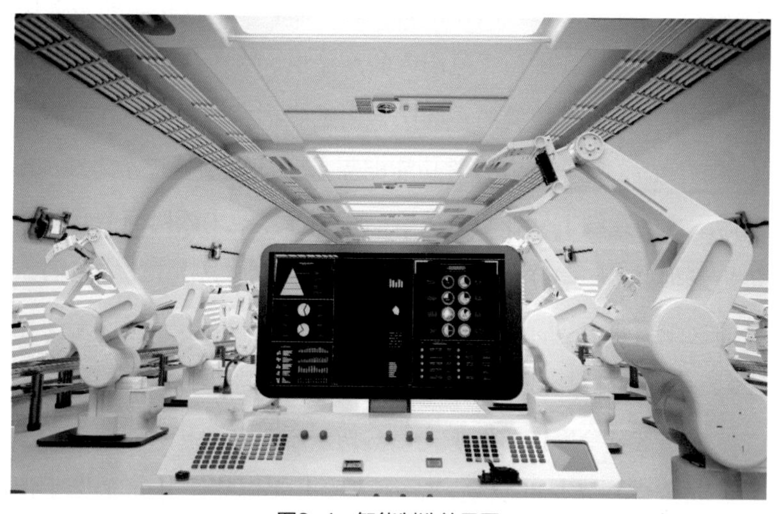

图2-4　智能制造效果图

可以看到，相对于工业3.0时代的工厂而言，智能工厂会更多地吸收信息化发展的成果，从数字化工厂的基础出发，整合通信技术和人工智能技术，利用物联网和设备感知监测系统构建强

大的智能服务功能和信息管理网络，可以大大提高生产和生产管理过程的灵活性、可掌控性和自动化程度。运用快速、准确获取生产线数据的能力高效设计和管理制造过程，并通过更加环保、节能的设备和制造方式，共同整合出一个面向未来需求的、“会思考”的绿色工厂。

准确来说，智能工厂不完全等同于智能制造系统，但它是智能制造投射到现实运作时的一个最直观的案例。当智能工厂的层级运作图景被勾勒出来后，我们可以概括出智能制造区别于传统制造的一些特征，来看看一个像人一样的制造系统会具备什么样的“性格”和“本事”。理想化的智能制造系统具备自律能力、学习与自我维护能力，以及人机一体化、虚拟现实技术、自组织超柔性等特征。

1. 自律能力

自律能力可以理解为主动观察、分析具体情况，并结合自身状态进行主动计划的能力。智能制造系统中的机器可以主动采集与理解信息——包括过程中和环境、自身相关的信息——并分析判断和规划自身行为。这种能力的基础是海量知识库和对于知识库的学习模型的建立，凭借自律能力，设备可以进行自主运作、彼此协调甚至相互竞争，表现出高度的独立性。这种具有高度独立性的设备被称为“智能机器”。

2. 学习与自我维护能力

这种能力同样和知识库及学习模型有关，但它和自律能力的区别在于：智能制造系统学习与自我维护的能力不单单体现在应用知识库，还体现为在实践中不断根据实际状况需求扩充知识

库，具有自学习功能。这种能力在制造运行遇到意想不到的故障时尤其重要，智能机器能够凭借这种能力进行自我诊断，并自行排除故障，自行维护。智能制造系统中的机器和我们人类一样，面对的实际环境常常是复杂多样且动态的，所以不管对于人还是智能机器，拥有自我优化并随时调整的能力都是非常重要的。

3. 人机一体化

一个“会思考”的智能制造系统不会“盲目自大”，它和其中的智能设备当然也有与人合作的需求。这种“合作”就是人机一体化，它体现了人工智能和人类智慧的结合。智能设备的基础之一是人工智能，因此在经过训练后可以拥有“逻辑思维”和根据经验进行判断的能力。但目前人工智能受限于发展，思考的范围和自由度还没有完全打开，比如还无法做到像人一样“顿悟”，因而还无法在制造活动中完全代替人类在所有情况下独立地做出分析、思考和判断，所以，现阶段智能设备和人类专家的合作在智能制造系统中是必需的。这种人机一体化的特征一方面当然给人类留下了一些颜面，毕竟还是保留人类思考在制造决策中的核心地位；另一方面在智能设备的协作下，人也能更好地发挥出自己的潜能。可以说，这种人机一体化使二者具有“平等协作”的关系，在彼此擅长的方面都有可发挥的余地。

4. 虚拟现实技术

模拟仿真的概念经常用于产品设计过程中，常见的目的在于用虚拟的方式验证产品设计的实际效果或功能。虚拟现实技术是一种以计算机为基础，把信号处理、动画技术、智能推理、预测、仿真和多媒体技术融为一体的强大技术，它把模拟仿真的范

围和深度提升到另一种层次。利用一台拥有虚拟现实技术的智能机器，我们可以实现虚拟制造，这是代表人机一体化最高水平的关键场景之一。在这种场景中，我们可以借助各种音像和传感装置，虚拟展示制造计划在实际生产线上的落地情况，体验虚拟生产出来的产品，从感官上获得近似真实的感受，也可以满足人工介入远程调试和操作的需求，为操作人员模拟真实操作场景，并在验证后将模拟场景作用于真实场景。这种人机结合的新一代智能界面，是智能制造系统的一个显著特征。

5. 自组织超柔性

智能制造系统中的设备不仅有个体运作智慧，还具有智慧群体的特征。这体现在系统中各组成部分能够自主分析具体任务的需要，并构建出最优的协同分工方式，其柔性既表现在运行方式上，也表现在组合方式上，所以称这种柔性为超柔性，如同一支训练有素、能根据需要灵活组合并完成具体任务的部队。可以想象，当智能制造系统遇到了本节开头生产线配置跟不上出货量需求的问题时，能够快速、自主地将组件化的生产线进行高效重组，以灵活应对多种产品出货量需求变化的情况，这就是自组织超柔性的魅力所在。

（二）智能制造的表现

总的来说，智能制造的内涵和要求包括五个方面：产品智能化、装备智能化、生产方式智能化、管理智能化和服务智能化。

1. 产品智能化

产品智能化要求将传感器、处理器、存储器、通信模块、传

输系统与各种产品进行融合，使得产品具备动态存储、感知和通信能力，实现产品可追溯、可识别、可定位，如图2-5所示。在物联网的概念中，计算机、智能手机、智能电视、智能机器人、智能穿戴都属于最基本的连接实体，可以说“生来”就是一个个可方便实现互联的网络终端。而在智能制造的计划里，还把生产更多可升级成智能互联的传统产品放进了目标栏，包括空调、冰箱、汽车、机床等，从智能制造生产线出来的这些产品都需要连接到物联网。

图2-5　智能家居产品

2. 装备智能化

智能装备并非单纯的智能机器个体，而是泛指通过先进制造、信息处理、人工智能等技术的集成和融合，从而具备感知、分析、推理、决策、执行、自主学习及维护等自组织、自适应功能的智能制造系统以及网络化、协同化的生产设施。因此，在智能制造时代，装备智能化的进程可以在两个维度上进行：一个是

单机智能化；另一个是通过单机设备互联形成智能生产线、智能车间和智能工厂。有必要指出的是，装备智能化进程也并不止于单纯的研发和生产端的改造，对渠道和消费者洞察管理系统的改造和融合也属于其中重要的一环。二者相互结合，才能算是全链条装备智能改造。

3. 生产方式智能化

生产方式智能化指的是在智能制造系统中打造个性化定制、极少量生产、服务型制造及云制造等新业态、新模式。推进这些新模式的形成，本质就是重组客户、供应商、销售商及企业内部组织的关系，重构生产体系中信息流、产品流、资金流的运行模式，重建新的产业价值链、生态系统和竞争的格局。传统工业时代中，企业定义产品价值，企业决定顾客能在市场上找到什么产品，并具有完全自主的定价权，这意味着主动权完全掌握在企业手中。而智能制造能够实现个性化定制，去掉了中间环节，丰富商业流动的形式，产品价值不再由企业单独定义，而是由全面介入构思、设计、生产、售后等各个环节的顾客来定义。

4. 管理智能化

管理智能化可由本节前半部分介绍的智能工厂在各个运作层级的优化中很好地体现。智能制造的管理系统会在纵向集成、横向集成和端到端集成上不断深入，追求企业数据的及时性、完整性、准确性的不断提高，建立更加准确、更加高效、更加科学的智能化管理系统，如图2–6所示。

5. 服务智能化

智能服务是智能制造的核心内容，越来越多的制造企业已经

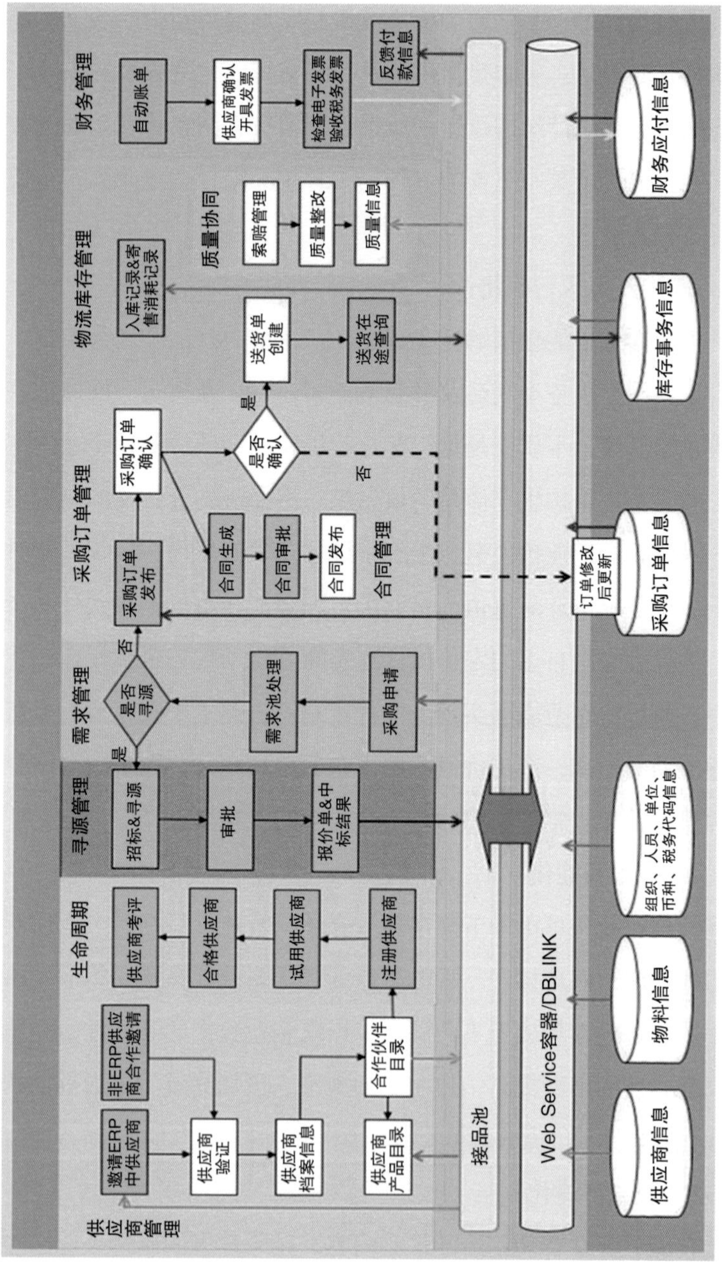
供应商管理
邀请ERP中供应商
非ERP供应商合作邀请
供应商验证
供应商档案信息
合作伙伴目录
供应商产品目录
生命周期
供应商考评
合格供应商
试用供应商
注册供应商
寻源管理
招标&寻源
审批
报价单&中标结果
需求管理
是否寻源
是
否
需求池处理
采购申请
采购订单管理
采购订单发布
采购订单确认
是否确认
是
否
合同生成
合同审批
合同发布
合同管理
物流库存管理
入库记录&寄售消耗记录
送货单创建
送货在途查询
质量协同
索赔管理
质量整改
质量信息
财务管理
自动账单
供应商确认开具发票
检查电子发票验收税务发票
反馈付款信息
接品池
Web Service容器/DBLINK
订单修改后更新
供应商信息
物料信息
组织、人员、单位、币种、税务代码信息
采购订单信息
库存事务信息
财务应付信息

图2-6　智能化管理平台

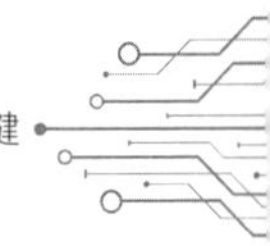

意识到从生产型制造向生产服务型制造转型的重要性。今后，将会实现线上与线下并行的O2O（online to offline）服务，两股力量在服务智能方面相向而行，一股力量是传统制造业不断拓展服务，另一股力量是从消费互联网进入产业互联网，比如：微信未来连接的不仅是人和人，还包括设备和设备、服务和服务、人和服务。个性化的研发设计和总集成、总承包等新服务产品的全生命周期管理，会伴随着生产方式的变革不断出现。

从以上对智能制造特征和内涵要求的介绍中可以看到，智能制造确实是对现有制造业的一次大幅升级。首先，它追求采用虚拟制造技术在产品设计阶段就模拟出该产品的整个生命周期，在降低产品成本、提升产品质量的同时，追求产品开发周期最短。其次，它推动制造业发展出全新的制造模式，包括柔性制造、生物制造、绿色制造等。柔性制造是其中一个标志性特点，它追求的是定制化，这种以消费者为导向的定量灵活生产方式，能够把智能制造和以大规模量产的生产模式为代表的传统制造系统很好地区分开来。最后，智能制造会推动一大批智能制造装备形成产业，应用行业范围包括各类轻工业、重工业和物流行业，这是智能制造在推动经济发展方面的一个重要意义。

三、拿什么实现智能制造

智能制造系统的功能性设计，目的在于利用一些核心技术对各种状况进行自动识别处理，通过无线传感器网络进行信息融合分析，灵活解决问题，并达到科学、合理地排除网络安全隐患的目的。因此，要全面地认识智能制造，除了要认识其特点和内涵，还需要了解支撑起整个庞大系统的关键技术，它们都是智能制造生产过程中的重要环节。近年来5G通信技术的研发和逐步应用，则为智能制造的技术体系提供了强大的数据和网络支撑。下面我们来看看智能制造系统所涉及的几大关键技术。

1. 识别技术

智能功能是智能制造过程中关键的一环，需要的识别技术主要有射频识别技术、三维图像识别技术等。

无线射频识别（radio frequency identification，RFID）是无线通信技术中的一种，通过无线射频方式进行非接触双向数据通信，对记录媒体（电子标签或射频卡）进行读写，从而达到识别目标和交换数据的目的。无线射频可分为低频、高频和超高频三种，而RFID读写器则可分为移动式和固定式两种。RFID读写器贴附于物件表面，可自动远距离读取、识别无线电信号，可作为快速、准确记录和收集用具使用。RFID技术具有非接触性、高效性（一次传输时间通常不到100 ms）、独一性（每个RFID标签独一无二，和产品一一对应）、简易性等特点，它的应用大大简化了智能制造涉及的物体记录、识别、监测和追踪的流程，构成跟踪管理系统的基础，如图2-7所示。

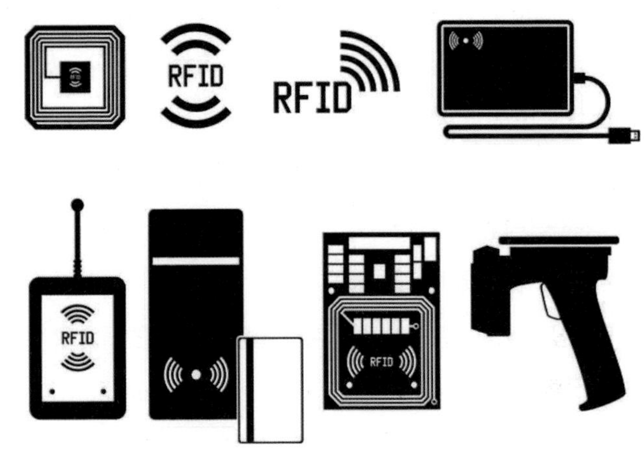

图2-7　RFID技术的应用

三维图像物体识别的任务是识别出图像中物体的数量和类型等信息，并能准确地对物体在实际环境中的位置做出描述。这项技术的实质是对三维环境的感知、理解，在此基础上，还可以进一步根据图像对物体细节状态进行评估，以判断是否存在缺陷，这是结合人工智能科学、计算机科学和信息科学的一项应用。

2. 实时定位和无线传感系统

生产过程中，需要准确、清晰地掌握在制产品的位置，以及材料、零件、工具的存放位置等。实时定位系统（real time location system，RTLS）可以在产品制造的全过程对所有原材料、零件、工具、设备等生产资料进行实时跟踪与管理。

在实际生产制造现场，通常的做法是将有源RFID标签贴在跟踪目标上，然后在室内放置3个以上的阅读器天线，这样就可以方便地对跟踪目标进行定位查询。广播信号系统将信号发送至

所有阅读器天线中，所发出的信号传递出去后，可通过目标定位对其进行测量、计算。无论在建筑物内或室外，均可以使用RTLS进行识别和实时跟踪，以确定对象的目标位置。RTLS的物理层技术是使用无线射频（radio frequency，RF）进行通信的具体应用实例。

3. 信息物理融合系统

相对于无线射频和实时定位系统，信息物理融合系统是一个更能全面表征智能制造的大型多维复杂系统，它综合了计算、网络和物理环境，通过3C（computation、communication、control）技术的有机融合与深度协作，实现大型工程系统的实时感知、动态控制和信息服务。这是智能制造系统的技术内核，如图2-8所示。

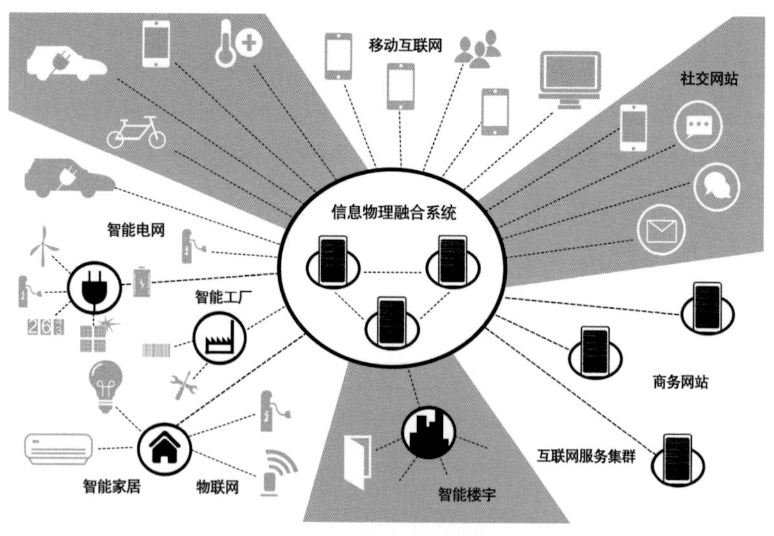

图2-8　信息物理融合系统

信息物理融合系统可以被概括为一个集成物理过程和计算过程的分布式异构系统，能充分利用传感器网络和数据科学实现更智能的分布式实时控制，具有自适应性、自主性、高效性、功能性、可靠性、安全性等特点。物理构建和软件构建必须能够在不关机或不停机的状态下动态加入系统，保证同时满足系统需求和服务质量。比如：一个超市安防系统，在加入传感器、摄像头、监视器等物理节点或者进行软件升级的过程中，不需要关掉整个系统就可以动态升级。另外，CPS应该是一个智能的有自主行为的系统，CPS不仅能够从环境中获取数据、做数据融合、提取有效信息，还能根据系统规则通过执行器对环境施加作用。

在信息物理融合系统应用于智能制造后，一台加工设备可以统计当前加工过的零件种类、数量和加工方法，一个零件能算出哪些加工工序和哪些加工设备是自己所需的。另外，通过对生产设施的自动升级，可以较为便捷地改变生产系统的体系结构。这意味着现有工厂可通过不断升级得以改造，从而从以往僵化的中央工业控制系统转变成智能分布式控制系统，并应用传感器精确记录各种东西所处的环境，使用生产控制中心独立的嵌入式处理器系统作出决策。

这个过程涉及大量更先进的无线传感器系统的应用。大型生产企业工厂的检测点分布较多，它们会自动收集大量与生产相关的数据，而智能制造中的无线传感网络分布于多个空间，会形成无线通信计算机网络系统来处理产生的海量数据。无线传感器系统功能层主要包括物理感应、信息传递、计算和定位三个方面，

可对不同物体和环境作出物理反应，如温度、压力、声音、振动和污染物等。无线数据库技术是无线传感器系统的关键技术，包括查询无线传感器网络、信息传递网络、多次跳跃路由协议等技术。

在无线传感器系统对生产过程进行实时感知的条件下，CPS能实现动态管理和信息服务，并被应用于计算、通信和物理系统的一体化设计中，其在实物中嵌入计算与通信的过程，丰富了智能制造中的互动性和实物系统的使用功能。

4. 网络安全技术

智能制造中有大量涉及计算机网络技术和大数据技术的应用，这使得网络安全技术成为必不可少的环节。在智能制造工厂中，自动化机器和传感器将随处可见，每时每刻都会发生大量信息的吞吐，而产品设计、制造和服务整个过程都可以用数字化技术资料呈现出来，整个供应链所产生的信息又可以通过计算机网络成为共享信息。要对网络系统及这些过程中涉及的信息进行安全保护，可采用IT保障技术和相关的安全措施，例如设置防火墙、预防入侵、扫描病毒仪、控制访问、设立黑白名单、加密信息等。

5. 系统协同技术

大型智能制造工程项目往往需要多种技术协同运作来完成，如复杂自动化系统整体方案设计技术、安装调试技术、统一操作界面和工程工具的设计技术、统一事件序列和报警处理技术、一体化资产管理技术等。系统协同技术可以对多技术共同运用涉及的时序、事件、冲突、请求、人机界面调度等各种重要细节进行

规范和行为定义，同时进一步加强智能制造流程的规范性、安全性和操作管理的便捷性。

从这些智能制造的关键技术中，我们不难体会出5G对智能制造升级的重要意义，因为海量传感器、生产设备、云计算平台、产品和生产材料之间的高效通信是这些关键技术得以实现的基础。智能制造对通信网络有着极为苛刻而多样化的功能要求。一方面，智能制造系统需要实现用海量数据支撑高精度生产，中间涉及的信息传输时延必须控制在极低范围，以保证感知、决策和控制的精确度。因此，整个过程需要一个具备极高可靠性的网络来确保制造过程安全、高效。另一方面，工厂中自动化控制系统和传感系统的工作场景跨度非常大，可能涉及分布式部署，制造工厂的生产区域内可能有数以万计的传感器和执行器，这对需要通信网络的连接能力和大范围覆盖时的性能一致性提出了极高的要求。

四、智能制造对新型网络的需求

新一代信息通信技术与制造业的融合逐渐从理念普及走向应用推广，制造业智能化、柔性化、服务化、高端化转型发展趋势愈发明显，对高性能、具有灵活组网能力的无线网络需求日益迫切。传统的工业网络存在时延不稳定、数据孤岛以及安全风险等问题。由于工业现场总线协议标准各异，不同厂家设备无法互通，设备状态无法得到有效监控，企业需要在计划排产、物料配送、生产协同、质量控制、设备检测等环节投入大量的人力、物力。传统IP（国际互联协议）网络采用尽力而为的传输机制，时延不稳定且存在丢包，在一些时间敏感型场景无法使用。同时，网络安全问题层出不穷，工控设备普遍不打补丁，一旦设备联外网就容易遭到入侵和攻击，进而为企业带来极大的损失。

新型网络需解决的不仅仅是人与人的连接问题，更是人与物、物与物的连接问题。智能制造应用的网络通信有有线和无线两种传输方式：有线通信方式是工业PON（无源光网络）、以太网网络通信技术；无线通信方式是4G、5G、Wi-Fi、NB-IoT、LoRa、ZigBee 等多项网络技术。综合工业互联网未来发展，对新型网络提出了以下技术需求：

1. 传输速率需求

要求传输速率提高10~100倍，同时用户体验速率、用户峰值速率分别达到0.1~1 Gb/s、10 Gb/s。

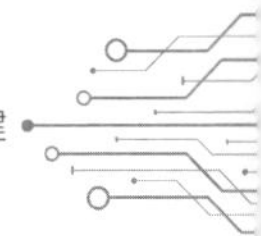

2. 时延需求

要求时延降低至10%~20%，达毫秒级。可以满足工业实时控制、云化机器人等的应用网络传输能力，保证系统控制指令、数据能及时发送到设备，从而实现可靠、安全的生产操作过程。

3. 设备连接密度需求

要求设备连接密度提高10~100倍，达每平方千米六百万级。可以满足人、机、物三元协同，无人搬运车（automated guided vehicle，AGV）多机协同等应用的网络连接能力，满足设备柔性生产，提升生产效率。

4. 流量密度需求

要求流量密度提高100~1000倍，达到20Tb/(s · km^2)。满足智能监测、数字孪生等结合AI和远程通信技术达到工业协同操作指导、专家系统开发、大数据分析、运算等目的。

5. 安全性需求

面对多种应用场景和业务需求需建立新型网络安全架构，满足不同应用的不同安全级别的安全需求。

由此可见，新型网络对智能制造的发展起着至关重要的作用，具有高速率、低时延、泛连接等特性的5G网络可以很好地满足该需求。

智能制造是第四次工业革命的核心业务，互联网、云计算、人工智能、大数据等技术的应用，给智能制造带来革命性升级。

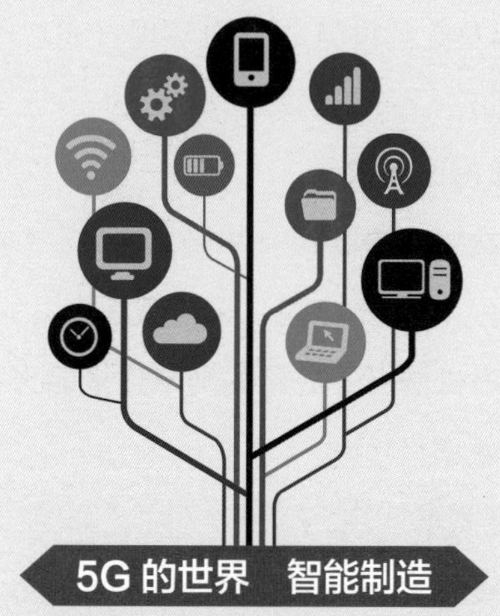
5G 的世界　智能制造

智能制造的5G升级：产业大升级的重大机遇

当今5G技术的高速发展，正好契合智能制造对无线网络的应用需求，5G技术定义的三大应用场景（eMBB、mMTC、uRLLC）不但覆盖了高速率、低时延等传统应用场景，而且能满足工业环境下的设备互联和远程交互的应用需求。这种广域网全覆盖的特点为企业构建统一的无线网络提供了可能，使各种智能制造的场景得以实现，如物流追踪、物联网、工业AR/VR、自动化控制、云化机器人等。这对于推动工业互联网的实施及智能制造的深化转型有着积极的意义。可以说，5G技术已经成为支撑智能制造转型的关键技术。

国际标准化组织3GPP定义了5G的三大应用场景：eMBB（enhanced mobile broadband，增强型移动宽带）——3D/超高清视频等大流量增强移动宽带业务；uRLLC（ultra-reliable low-latency communications，高可靠低时延通信）——无人驾驶、工业自动化等需要高可靠、低时延连接的业务；mMTC（massive machine type communication，大规模机器通信）——大规模物联网业务，如图3-1所示。

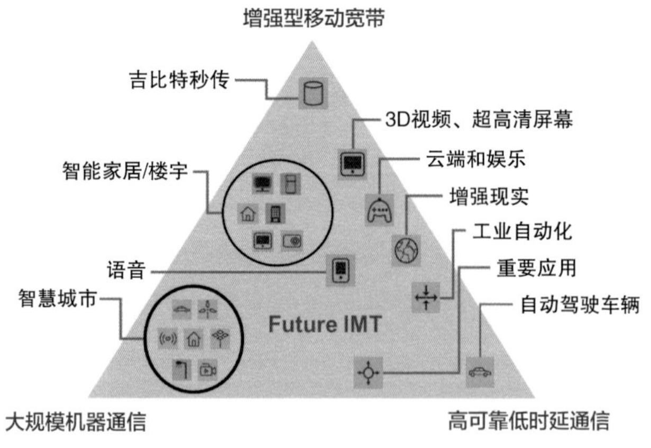

图3-1　5G三大应用场景

一、5G＋智能制造总体架构

5G网络从传统的以人为中心的服务拓展至以物为中心的服务，在工业领域，其特有的高速率、低时延、高可靠等特性，使得无线技术应用于现场设备的实时控制、远程维护及操控、工业高清图像处理等工业新领域成为可能，同时也为未来柔性生产线、柔性车间的建立奠定了基础。5G正逐步向智能制造渗透，开启工业领域无线发展的未来。伴随着中国加快实施制造强国战略，推进智能制造发展，5G将广泛深入应用于智能制造。5G+智能制造总体架构主要包括四个层面：数据层、网络层、平台层和应用层，如图3–2所示。

1. 数据层

数据层负责实时状态数据采集，包括设备状态、车间工况、运营环境、生产数据，以及管理人员、维修人员产生的各类运维服务和管理信息等。其本质是利用传感技术对工厂内的多源设备、异构系统、运营环境、人员等要素信息进行实时采集和云端汇集，从而构建一个实时、高效、精准的数据采集体系。同时，通过协议转换和边缘计算技术，采集到的数据有一部分在边缘侧进行分析处理，并直接将结果返回到设备，指导设备运行；另一部分数据将传到云端进行综合分析处理，从而进一步优化形成决策。数据层实现了制造全流程隐性数据的显性化，为制造资源的优化提供了海量数据源，是实时分析、科学决策的起点，也是建设智能制造工业互联网服务平台的基础。

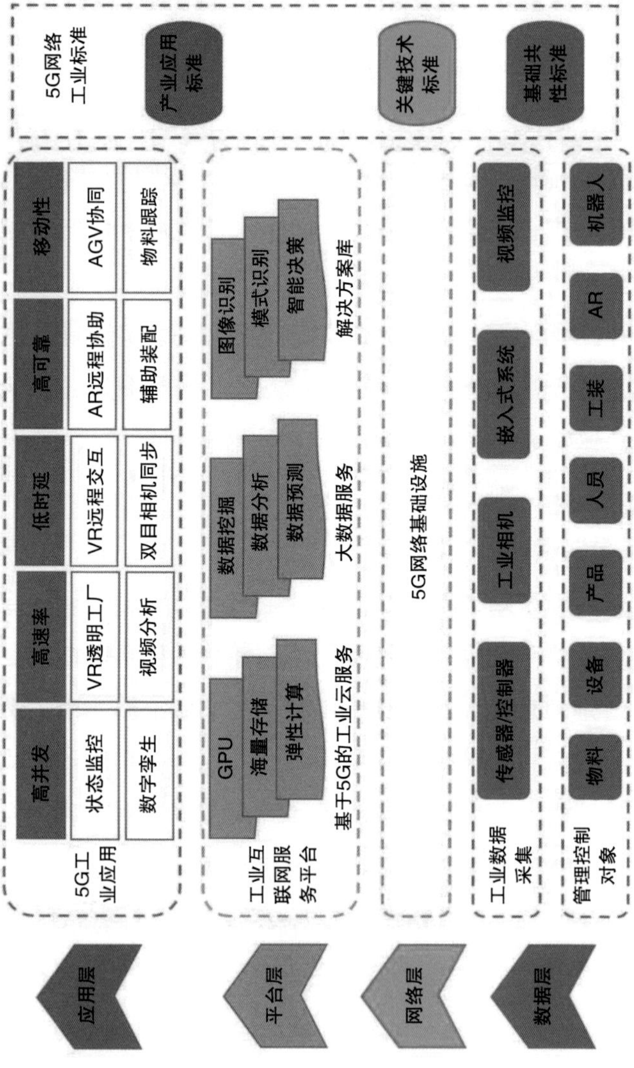

应用层
5G工业应用
高并发 | 高速率 | 低时延 | 高可靠 | 移动性
状态监控 | VR透明工厂 | VR远程交互 | AR远程协助 | AGV协同
数字孪生 | 视频分析 | 双目相机同步 | 辅助装配 | 物料跟踪

平台层
工业互联网服务平台
GPU　海量存储　弹性计算
基于5G的工业云服务
数据挖掘　数据分析　数据预测
大数据服务
图像识别　模式识别　智能决策
解决方案库

网络层
5G网络基础设施

数据层
工业数据采集
传感器/控制器　工业相机　嵌入式系统　视频监控
管理控制对象
物料　设备　产品　人员　工装　AR　机器人

5G网络工业标准
产业应用标准
关键技术标准
基础共性标准

图3-2　5G+智能制造总体架构

2. 网络层

网络层是为平台层和应用层提供更好服务的保障，作为企业的网络资源，5G网络基础设施的建设是智能制造的核心、纽带，以及达到国际先进水平的重要支撑。泛连接、低时延的5G网络可以将工厂内海量的生产设备及关键部件进行互联，提升生产数据采集的及时性，为生产流程优化、能耗管理提供网络支撑。另外，工厂内大量的传感器可以通过 5G网络在极短的时间内进行信息状态的上报，使管理人员能够对工厂内的环境进行精准调控。同时，5G网络能够将工厂内高分辨率的监控录像同步回传到控制中心，通过超高清视频还原各区域的生产细节，为工厂精细化监控和管理提供支持。而且，工厂中产品缺陷检测、精细原材料识别、精密测量等场景均需要用到三维图像识别技术，5G网络能保障海量高分辨率视频图像的实时传输，提升机器视觉系统的识别速度和精度。同时，5G网络有利于远程生产设备全生命周期工作状态的实时监测，使生产设备的维护工作突破工厂边界，实现跨工厂、跨地域的远程故障诊断和维修。

3. 平台层

基于5G技术的平台层建设，是为智能制造实现进一步升级的核心，主要包括以GPU（图形处理器）、海量存储和弹性计算为主的工业云服务，以数据挖掘、数据分析和数据预测为主的大数据服务，以图像识别、模式识别和智能决策为主的解决方案库。其中，基于5G的云服务能够为工业App的开发、测试和部署提供方便的接口，实现研究与应用的再次升级。同时，

以5G和工业互联网平台为根基的大数据服务，可以构建实时的MSB（最高有效位），从而实现关键技术的极速传输。再者，结合国内外先进的5G和人工智能技术，可以方便地将图像识别、模式识别和智能决策等纳入工厂的解决方案库中。

4. 应用层

应用层主要承担5G背景下智能制造技术的转化工作，包括各类典型产品和行业解决方案等。基于5G网络高速率、低时延、泛连接等优势，研发一系列行业应用App，从而满足企业数字化和智能化的需求。其中，状态监控、数字孪生、VR 透明工厂、视频分析、VR 远程交互、双目相机同步、AR远程协助、辅助装配、AGV（automated guided vehicle）协同、物料跟踪等是当前比较常见的应用场景。同时，进一步加强5G对工业各领域的渗透，从而形成5G+的行业应用终端、系统及配套软件，然后切入各种场景，为用户提供个性化、精准化、智能化服务，深度赋能智能制造。

二、5G+智能制造关键技术

5G的高速率、低时延、广连接等优势特性能够满足工业互联网连接多样性、性能差异化及通信多样化的网络需求，显著增强工业互联网产业供给能力，为工业互联网跨越发展提供坚实的技术保障，全面支撑工业互联网新业务、新模式创新发展。5G+智能制造主要有以下几类关键技术：

（一）5G TSN（时间敏感网络）技术

通过高精度时间同步，实现工厂内无线TSN，保障工业互联网业务端到端的低时延。

（二）网络切片技术

5G网络切片技术支持多业务场景、多服务和质量、多用户及多行业的隔离和保护。5G高频和多天线技术支持工厂内的精准定位和高宽带通信，大幅提高远程操控领域的操作精度。

为实现工业互联网的海量接入和广泛覆盖，支持工业互联网的通信技术必须针对不同的用户终端，在不同的场景下根据用户需求提供差异化服务，优化资源分配。网络切片是5G网络按需配置网络的关键技术。5G需要同时满足eMBB、uRLLC、mMTC三大不同应用场景，其中eMBB场景要求网络信号传输快；uRLLC场景要求网络传输可靠性高、时延低；mMTC场景要求网络能应对密集的、种类繁多的接入终端。按照当前的技术，难以使用特性完全一致的

同一张网络和同一个信号来满足所有业务需求。因此网络切片技术应运而生，即通过网络切片技术分别支持eMBB、uRLLC和mMTC，从而实现端到端系统所在5G网络切片的按需配置，如图3–3所示。网络切片可以在通用的网络平台上，根据不同的场景和业务，应用和部署不同的网络逻辑功能，灵活编排网络架构和功能，从而为不同的业务差异化地安排场景，为不同的用户提供具有隔离特征的信息网络，为特定用户终端的业务提供满足其需求的网络服务。

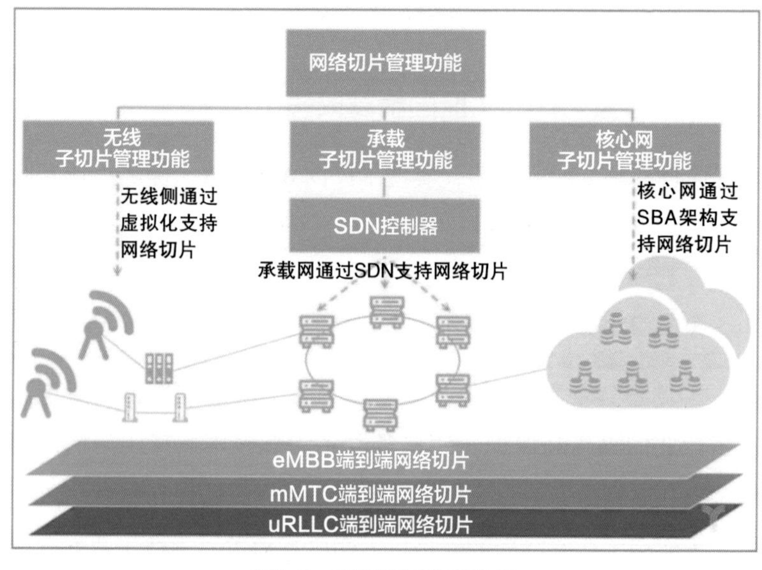

图3–3 网络切片管理架构图

（三）边缘计算（MEC）技术

5G边缘计算加速工业IT及OT（操作技术）网络融合，通过边缘数据处理、跟踪及聚合能力的增强，提升工业互联网业务的高可靠、低时延等性能指标，优化资源共享和用户体验。

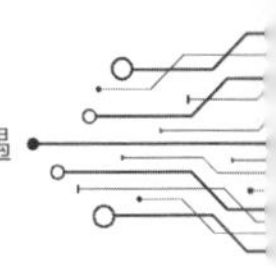

边缘计算（multi-access edge computing，MEC）技术是多接入边缘计算的缩写。技术可满足5G、Wi-Fi、固定网络等多接入需求，同时能降低传输时延、缓解网络拥塞，以便在分布式条件下部署服务，就近提供边缘智能业务。MEC提供接近用户的云计算能力，其基于网络功能虚拟化NFV（网络功能虚拟化）提供的虚拟化软件环境管理第三方应用资源。该第三方应用以虚拟机的形式部署于边缘云，通过统一的服务开放框架获取无线网络能力。

边缘计算使得运营商和第三方业务可以部署在靠近用户附着接入点的位置，通过降低时延和负载来实现高效的业务分发。对于工业互联网，MEC可以覆盖5G三大应用场景，eMBB上通过分流、流量卸载，减小网络带宽压力；uRLLC上通过5G用户面下移和构造边缘DC，提供网络性能；mMTC上提供本地分析、移动性和会话管理辅助信息，减小对中心单元的压力。

（四）工业云平台技术

面向制造业数字化、网络化、智能化需求，构建基于海量数据采集、汇聚、分析的服务体系，支撑制造资源泛在连接、弹性供给、高效配置的工业云平台，包括边缘、平台（platform as a service，PaaS）、应用三大核心层级。其本质是在传统云平台的基础上叠加物联网、大数据、人工智能等新兴技术，构建更精准、实时、高效的数据采集体系，建设包括存储、集成、访问、分析、管理功能的使能平台，实现工业技术、经验、知识模型化、软件化、复用化，以工业App的形式为制造企业提供各类创新应用，最终形成资源富集、多方参与、合作共赢、协同演进的智能制造业生态。

（五）5G网络安全技术

1. 智能终端安全

5G网络需要支持采用不同接入类型和技术的不同种类终端接入，对安全需求的要求不尽相同。5G终端安全通用要求包括用户信令数据的机密性保护、签约凭证的安全存储与处理、用户隐私保护等。5G终端安全特殊要求包括：①对uRLLC的终端需要支持高安全、高可靠的安全机制。②对于mMTC终端，需要支持轻量级的安全算法和协议。③对于制造行业，需要专用的安全芯片，定制操作系统和应用商店。

安全架构在终端中引入终端安全面，在终端安全面中通过构建信息存储、计算环境和标准化安全接口，分别从终端自身和外部两方面为终端安全提供保障。终端自身安全保障可通过构建可信存储和计算环境，提升终端自身的安全防护能力；终端外部安全保障通过引入标准化的安全接口，支持第三方安全服务和安全模块的引入，并支持基于云的安全增强机制，为终端提供安全监测、安全分析、安全管控等辅助功能。

2. 网络信息安全

①数据接入安全。通过工业防火墙技术、工业网闸技术、加密隧道传输技术等，防止数据泄漏、被侦听或被篡改，保障数据在源头和传输过程中的安全。②平台安全。通过平台入侵实时检测、网络安全防御系统、恶意代码防护、网站威胁防护、网页防篡改等技术实现工业互联网平台的代码安全、应用安全、数据安全、网站安全。③访问安全。通过建立统一的访问机制，限制用户的访问权限和所能使用的计算资源和网络资源，实现对云平台重要资源的访问控制和管理，防止非法访问。

三、5G + 智能制造探索实例

5G+智能制造的模式，在全世界范围内得到了广泛的认可。如德国博世（Bosch）和英国Worcester 5G联手，共同在英国的伍斯特理工学院（Worcester Polytechnic Institute）开办英国第一个5G 工厂。韩国运营商在韩国部分地区推出5G服务，韩国工业部门联合包括SK Telecom、三星电子、微软韩国、LG和西门子韩国在内的19家公司和组织建立了5G智能工厂联盟。我国的运营商也相继向工厂提供5G服务，中国移动与爱立信联手开展5G智能工厂改造应用试点工作，中国联通联合中科院、海尔数字、格力、北汽福田、富士康、徐工信息等46家单位成立了中国联通5G工业互联网产业联盟。

1. 韩国探索实例

韩国的制造业在5G+智能制造方面成果显著。2018年12月，韩国三大运营商SK Telecom、KT与LG宣布在韩国部分地区推出5G服务。由于没有5G商用智能终端，韩国的5G用户主要是企业用户。5G智能工厂联盟，计划到2022年创建30000个智能工厂和10个智能工业区。

其中SK Telecom的5G工厂解决方案包括多功能协作机器人、智能生产设备、小型自动驾驶机器人、增强现实眼镜以及5G+AI机器视觉。SK Telecom的首个5G用户是汽车零部件公司——Myunghwa Industry。该5G工厂利用5G网络将生产线上的高清图片和视频传送到云端服务器，再通过AI分析图像，以“5G+AI机

器视觉”检查产品有无缺陷，提高生产线的生产质量。当部件通过传送带时，一个1200万像素的摄像头将从各个方向拍摄24张照片。当图片通过5G网络发送到云服务器时，AI会读取图片，同时检查是否有缺陷并通知结果，机械臂自动过滤掉有缺陷的产品。完成此过程只需要不到8s的时间。SK Telecom的“5G+AI机器视觉”技术主要利用5G高可靠、低时延的特性，结合AI与MEC实现生产流程的高速运转。采用“5G+AI机器视觉”技术代替人工检查有缺陷的产品，人均生产量可提升2倍。

韩国KT的5G技术，率先被应用于韩国现代重工（HHI）的5G造船厂。通过联网监视器和AR眼镜，可以解决现代重工生产现场以及工厂运营的各种问题。例如：使用AR眼镜实现错误检修对生产现场进行实时监控，船东实时确认其订购的船舶的实际状况等。

2. 中国探索实例

我国的运营商也积极提出各种5G+智能制造方案，并和工厂寻求合作，建立新型厂区，力图将技术迅速落地。中国移动5G联合创新中心提出5G智能工厂解决方案，这包含五大场景（工业自动控制、人员操作交互、物料供应管理、设备检测管理、环境检测管理）、三大切片（工业控制切片、工业多媒体切片、工业物联网切片）、三朵云（边缘云、核心云、远端云）。中国联通联合中国商飞将上海飞机制造有限公司打造成5G智慧厂区。基于安全可靠的5G网络环境，实现了数控车间的全连接以及复合材料全生命周期管控、工业双相机对现场图像数据与云端数模的快速对比、AR远程设备巡检和维护等，初步实现了5G在工业

场景应用的落地。

作为5G+智能制造技术落地的主体，我国的相关先进企业在5G技术应用于工业生产的道路上也取得了显著的成果。在第四次工业革命在全球范围内萌发并飞速推进时，我国的“灯塔工厂”已经开始将5G+智能制造技术落地。“灯塔工厂”指的是成功将第四次工业革命技术从试点阶段推向大规模整合阶段的工厂。世界论坛从1000多家先进的制造商中进一步优选，确立了16个制造商为“灯塔工厂”，其中中国有富士康、海尔两家企业。富士康公司利用“工业人工智能”（Industrial AI）做预测，为此提出了雾小脑（Fog AI）的设想。Fog AI是一个智慧控制体系，更贴近终端设备，能更快速、安全、智能地处理数据，有效解决信息延迟问题，同时在边缘产生重要的数据模型与决策机制。海尔公司一方面通过全流程融合AI+5G技术，打造云端秒级响应、VR漫游、智能协同等200余项用户体验新模式，助力以用户为中心的大规模定制模式升级；另一方面通过136项AI+5G技术支撑互联工厂，搭建跨界融合、生态共赢、技术迭代的创新体系，满足多场景高端制造，助力互联工厂全要素自决策。

智能制造和5G分别是工业领域和信息网络领域明确的发展方向。而5G在信息量和信息传递效率方面完美地满足了智能制造的要求，而智能工厂和工业互联网在5G全面铺开的初期，是其重要的立足点。5G与智能制造相辅相成，有力地推动了工业领域和信息网络领域的革新性升级。

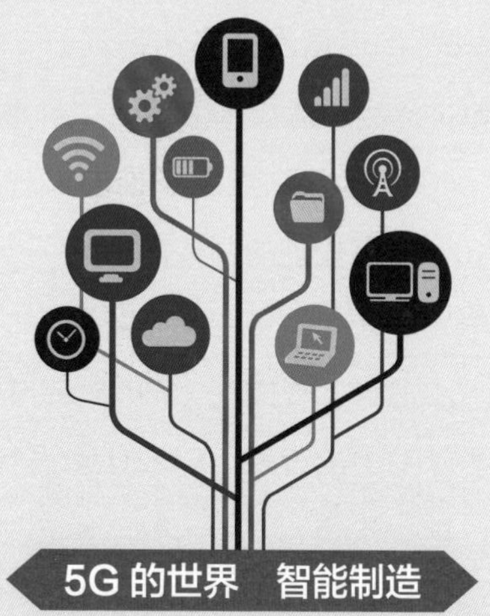
5G 的世界　智能制造

第四章 基于5G的智能化大生产应用：打通智能化生产的任督二脉

第三章介绍了5G 技术将广泛深入应用于智能制造，5G+智能制造的总体架构主要包括四个层面：数据层、网络层、平台层和应用层。在实际生产制造中，5G技术是如何在智能制造中体现和应用的呢？本章将结合实际产品和案例，对5G+智能制造的关键技术和典型应用展开详细介绍。

一、基于5G的信息物理系统应用

近些年，计算技术、通信技术和控制技术得到快速的发展和应用，信息化、自动化、智能化和工业制造的融合逐步加深。传统的单点技术已不能满足新一代生产装备信息化和网络化的需求。在此背景下，信息物理融合系统顺势而出。前面的章节也已提到，CPS是第四次工业革命的基础，也是智能制造的本质。

CPS的智能化实现大致分为四个模块：①感知设计。对系统环境信息的自主感知，依赖于各类传感器的广泛应用。②信息处理。对传感采集的数据进行分析、处理，如数据晒出、分类、存储等。③建模与认知。建立数据库，并在此基础上对系统建模，完成更深层次的认知和挖掘。④决策与控制。通过数据和模型分析，应用人工智能、大数据分析等技术，优化系统的决策和控制方法，提高制造效率。

CPS在智能制造领域的应用主要体现在以下几个方面：海量传感器接入工厂、工业云平台、工业数字化转型等。

（一）海量传感器接入工厂

1. 什么是传感器?

传感器是一种检测装置，类似于人的感官系统（如眼睛、耳朵、鼻子等），能检测光、热、运动、水分、压力等信息，并将检测的信息按一定规律变换为电信号或其他所需形式的信息输出，以满足信息的传输、处理、存储、显示、记录和控制等要求。

传感器的应用，让物体有了触觉、味觉和嗅觉等感觉器官，让物体慢慢“活”了起来。通常根据其基本感知功能分为光敏元件、热敏元件、力敏元件、气敏元件、湿敏元件、磁敏元件、放射线敏感元件、声敏元件、色敏元件和味敏元件等十大类。

传感器是实现自动检测、控制的首要环节，智能制造的工作流程便是从传感器开始的。传感器并不新鲜，已经被使用了很长时间，第一个传感器是在19世纪发明的。然而，随着智能制造、物联网等的发展，传感器的应用也越来越广泛，其作用也大大增强。例如，这几年发展的热点——智能驾驶汽车，其功能的实现离不开众多的传感器设备，如摄像头、毫米波雷达、激光雷达等（图4–1）。

智能制造的核心之一是智能监测，包括实时参数采集、生产设备监控、生产线过程检测、材料消耗监测等。这些检测将由大量的传感器设备来实现。传感器的大量接入，给传统的有线信号传输带来更大的压力。5G网络的发展和应用，促进了传感器由有线传输向无线传输发展，即无线传感器网络技术。

图4-1　智能驾驶汽车传感器配置图

无线传感器网络技术是一种新型的信息获取和处理技术，与无线网络技术使用相同的标准——802.15.14。无线传感器网络系统（wireless sensor networks system，WSNS）由传感器节点、聚节点和管理节点等组成。无线传感网络综合了传感器技术、通信技术、嵌入式计算技术、分布式信息处理技术等，能够协作地实时监测、感知和采集网络分布区域内的不同监测对象的信息。

工业用无线传感器网络的核心是低功耗的传感器节点、网络路由器（具有网状网络路由功能）和无线网关（将信息传输到工业以太网和控制中心，或者传输通过互联网联网），高速率、低

时延、广连接的5G网络将成为其重要的支撑技术。

2. 传感器的种类

工业用传感器种类繁多，而且性能指标要求苛刻。在功能方面，工业用传感器可分为以下几种。

（1）温度传感器。温度传感器是检测温度并将其转换成可用输出信号的传感器，是温度测量仪表的核心部分，其品种繁多。按测量方式可分为接触式和非接触式，按材料及电子元件特性可分为热电阻和热电偶。温度传感器在智能制造中应用广泛，如材料、机器等热状态检测，制造环境、工作环境、实验环境等恒温控制等。

（2）光电传感器。光电传感器是光信号转换为电信号的器件，其工作原理基于光电效应。根据光电效应现象的不同，将光电效应分为三类：外光电效应、内光电效应及光生伏特效应。光电传感器主要应用在产品计数、条形码扫描、烟尘浊度检测、转速测量等。

（3）力/力矩传感器。力传感器是检测张力、拉力、压力、重量、扭矩、内应力和应变等力学变量，并将其转换为电信号的器件，具体的器件有金属应变片、压力传感器等。在动力设备、工程机械、各类工作母机和工业自动化系统中，其是不可缺少的核心部件。力矩传感器是一种将扭力的物理变化转换成精确的电信号的器件。力矩传感器可以应用在制造黏度计、电动（气动、液力）扭力扳手，它具有精度高、频响快、可靠性高、寿命长等优点。

（4）湿度传感器。湿度传感器是检测湿度并将其转换为电

信号的湿敏元件，主要有电阻式、电容式两大类。湿度传感器最早应用于气象站中的报告和天气预报，目前湿度传感器也广泛应用于工业、农业、环境监测、食品供应链、暖通空调和健康监测等诸多方面。

（5）声音和噪声传感器。声音和噪声传感器用来接收声波，显示声音的振动图像，能够监测环境中的噪声水平。声音和噪声传感器能够测量噪声并提供数据，以帮助防止噪声污染，在智能制造领域、智慧城市建设中越来越受到重视。

（6）水位（液位）传感器。水位传感器是将被测点水位参量实时地转变为相应电量信号的仪器，是一种测量液位的压力传感器。除可用于洪水预警外，该传感器在各种工业领域中也得到越来越广泛的应用，以控制和优化制造流程。

（7）存在与接近传感器。通过发射电磁辐射束，这种类型的传感器能够感测其目标物体的存在并确定两者之间的距离，并将其转化为电信号输出。凭借其高可靠性和长寿命，存在与接近传感器在智能汽车、机器人、制造、机械、航空，甚至智能停车解决方案等智能制造领域得到广泛应用。

（8）运动控制传感器。运动控制传感器是将速度、加速度等非电量的变化转变为电量的器件，如位移传感器、速度传感器、转速传感器、加速度传感器等，目前广泛应用于零部件生产、汽车制造、自动化生产线等智能制造领域。汽车上一般配备了多种运动控制传感器，如图4–2所示。

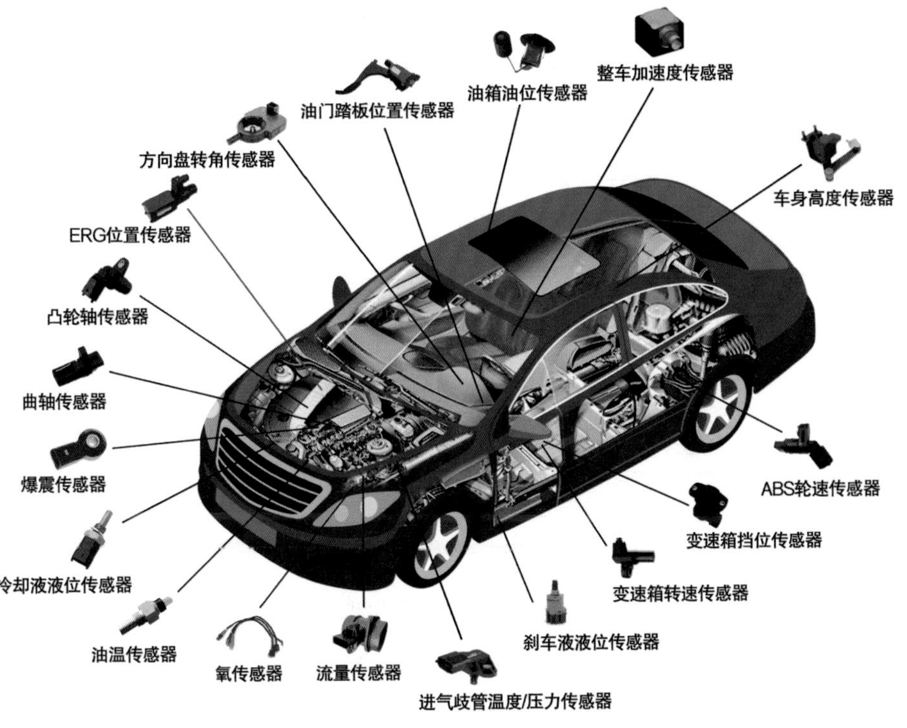

图4-2　车载传感器示意图

（9）化学传感器。化学传感器是检测化学物质（固体、液体和气体）并将其浓度转换为电信号的器件，类似于人的嗅觉和味觉等感觉器官，在工业安全系统、环境保护、科学研究等领域中得到广泛应用。

（10）图像/视觉传感器。图像/视觉传感器将光学数据转换成电脉冲，检测周围环境信息。图像/视觉传感器的功能可以通过激光扫描器、线阵和面阵CCD（电荷耦合原件）摄像机或者TV（电视）摄像机实现，也可以通过最新出现的数字摄像机等实现。图像/视觉传感器在移动机器人、智能车辆、安全系统、

医疗成像设备等智能制造领域得到广泛应用。

（11）其他传感器。市场上还有很多的传感器适用于不同的领域，如触觉传感器、射频识别传感器、声呐传感器、超声波传感器、雷达传感器和激光雷达传感器等。

3. 传感器市场

全球传感器市场的主要厂商有西门子（德国西门子股份公司）、博世公司、意法半导体集团、霍尼韦尔国际、ABB集团、HBM公司等，如表4-1所示。

表4-1　全球传感器市场的主要厂商及其产品类型和竞争领域

主要厂商	产品类型	竞争领域
西门子	压力、温度、湿度、气体、霍尔、电流等传感器	工业控制、能源、医疗等
博世公司	压力、加速度、气体等传感器，陀螺仪	汽车、消费电子等，全球最大的MEMS传感器制造商
意法半导体集团	压力传感器、加速度传感器、MEMS射频器件、陀螺仪等	工业控制、汽车、医疗电子、消费电子、通信、计算机
霍尼韦尔国际	压力、温度、湿度、红外、超声波、磁阻、霍尔、电流等传感器	航空航天、交通运输、医疗等
ABB集团	容性、电流、感性、光电、超声波、电压等传感器	航空航天、汽车、船舶、水利、轻工
HBM公司	力、力矩、位移、应变式称重等传感器	航空航天、汽车、船舶等
飞思卡尔	加速度、压力等传感器	汽车、消费电子等
PCB公司	加速度、压力、力、力矩等传感器	航空航天、船舶、兵器、核工业、水利、电力、轻工、交通运输
MEAS公司	压力、位移、角位移、霍尔、磁阻、加速度、振动、湿度、温度、红外、光电、压电薄膜等传感器	航空航天、机器设备、工业自动控制、汽车、空调、医疗、石油化工等
飞利浦公司	称重、温度等传感器	汽车、船舶等

（二）工业云平台

上节简单介绍了传感器。在传感器对目标进行检测后，如何处理、分析、应用检测的数据是智能制造系统的核心。随着工业电气化、自动化、智能化的发展，数据的处理分析模块已逐步由电子控制单元发展为云平台。

1. 无线传输网络

工业云平台的核心是数据，需要实时接收传感器的采集数据，进行处理分析，再输出到执行器、显示界面等。该环节离不开数据传输网络。随着工业电气化、自动化、智能化在制造业中的发展，传感器的数量、种类也大大增加，采集的数据也逐步多样化。特别是智能化，对数据传输的速率、可靠性等也提出了更高的要求。传统的有线传输方式将会给线路布设、硬件接口等带来很大的局限性，传输方式需要由有线传输向无线传输发展。

无线网络的连接方式有蜂窝移动、低功耗广域网（LPWAN）、蓝牙和Wi-Fi等，这些连接方式不仅在智能制造、物联网中得到广泛应用，也是人们日常生活所需要的。

（1）蜂窝移动。对于蜂窝移动这个名词大家可能比较陌生，但实际上这与大家息息相关。手机发送和接收数据都采用这种方式，它也是大家熟悉的2G、3G、4G等网络。

（2）低功耗广域网（LPWAN）。LPWAN网络，如LoRa和Sigfox，相对较新，只有少数国家拥有全国范围应用权。麦肯锡公司称，2017年，低功耗广域网覆盖了全球20%的人口。顾名思

义，LPWAN有两个重要特征：低功耗（使用可持续数年的小型电池）和远距离通信（以千米为单位）。LPWAN技术基于间歇性发送少量数据的概念（例如，一天可能只发送几次数据），使得低功耗成为可能，但其缺点是在自动化、智能化的应用中很受限制。

（3）蓝牙和Wi-Fi。蓝牙和Wi-Fi是短距离通信的最佳选择，其蜂窝移动网络的功耗低，比LPWAN具有更高的带宽和发送频率。

无线网络选择需要考虑覆盖范围、带宽、功耗、成本、可靠性和可用性等诸多方面。最佳网络连接选项具有广连接、高速率、低成本和低功耗的特点。但不幸的是，目前还没有这种连接技术，如覆盖范围增加往往会增加功耗，而带宽增加通常会增加成本。一种解决方案是多种无线网络共同使用，以满足不同的需求；另一种是发展新的网络技术，如窄带物联网（NB-IoT），这是一种利用现有蜂窝网络基础设施的LPWAN技术。

2. 工业云平台基本架构

工业云平台是面向制造业数字化、网络化、智能化需求，构建基于海量数据采集、汇聚、分析的服务体系，支撑制造资源泛在连接、弹性供给、高效配置的云平台，包括边缘、平台（工业PaaS）、应用三大核心层级，基本架构如图4-3所示。

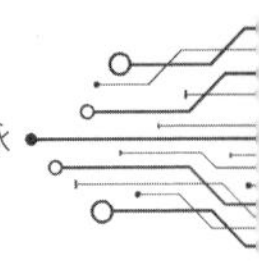

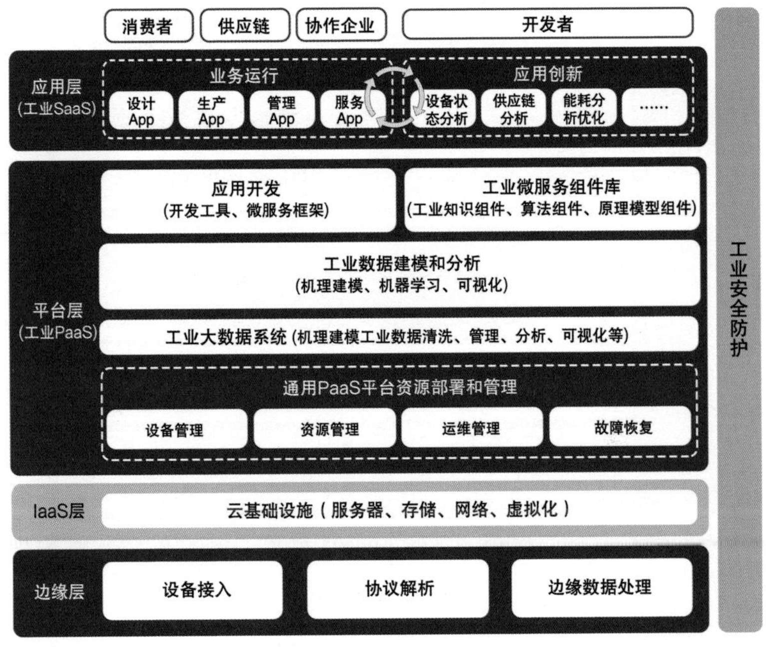

图4-3　工业云平台基本架构

第一层是边缘层，通过大范围、深层次的数据采集，以及异构数据的协议转换与边缘处理，构建工业互联网平台的数据基础。第二层是平台层，基于通用PaaS叠加大数据处理、工业数据分析、工业微服务等创新功能，构建可扩展的开放式云操作系统。第三层是应用层，形成满足不同行业、不同场景的工业SaaS和工业App，体现工业互联网平台的最终价值。除此之外，工业互联网平台还包括IaaS基础设施，以及涵盖整个工业系统的安全管理体系。这些构成工业互联网平台的基础支撑和重要保障。图4-4和图4-5给出了两个工业云平台的典型应用案例。

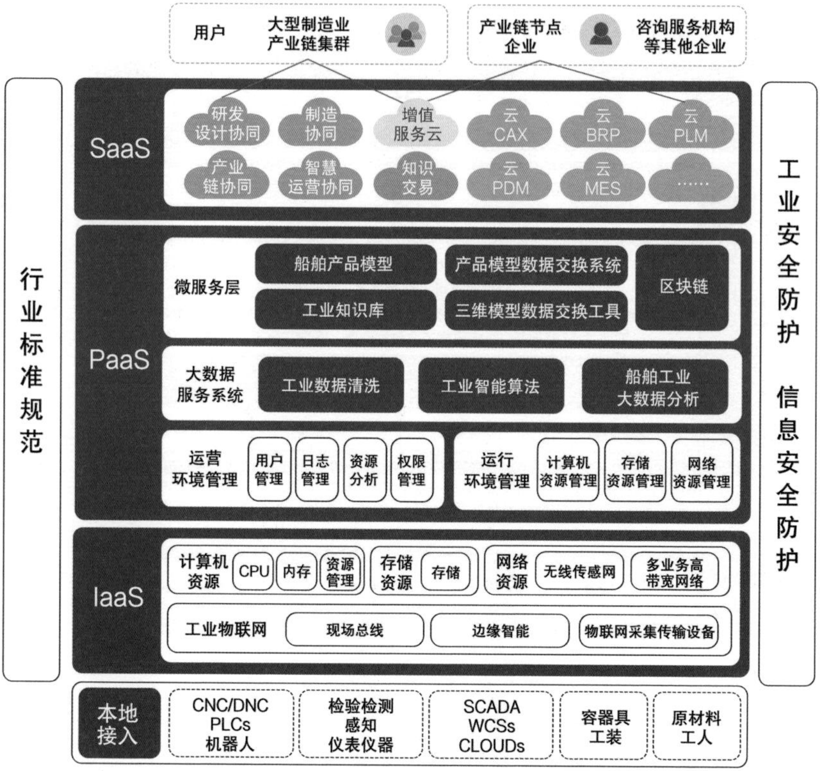

用户 大型制造业产业链集群

产业链节点企业 咨询服务机构等其他企业

行业标准规范

SaaS

研发设计协同 制造协同 增值服务云 云CAX 云BRP 云PLM

产业链协同 智慧运营协同 知识交易 云PDM 云MES ……

PaaS

微服务层 船舶产品模型 产品模型数据交换系统 工业知识库 三维模型数据交换工具 区块链

大数据服务系统 工业数据清洗 工业智能算法 船舶工业大数据分析

运营环境管理 用户管理 日志管理 资源分析 权限管理

运行环境管理 计算机资源管理 存储资源管理 网络资源管理

IaaS

计算机资源 CPU 内存 资源管理 存储资源 存储 网络资源 无线传感网 多业务高带宽网络

工业物联网 现场总线 边缘智能 物联网采集传输设备

本地接入 CNC/DNC PLCs 机器人 检验检测感知仪表仪器 SCADA WCSs CLOUDs 容器具工装 原材料工人

工业安全防护 信息安全防护

图4-4 中船工业船舶智能运营平台

泛在连接、云化服务、知识积累、应用创新是工业云平台的四大特征。①泛在连接。即具备对设备、软件、人员等各类生产要素数据的全面采集能力。②云化服务。实现基于云计算架构的海量数据存储、管理和计算。③知识积累。能够提供基于工业知识机理的数据分析能力，并实现知识的固化、积累和复用。④应用创新。能够调用平台功能及资源，提供开放的工业App开发环境，实现工业App创新应用。

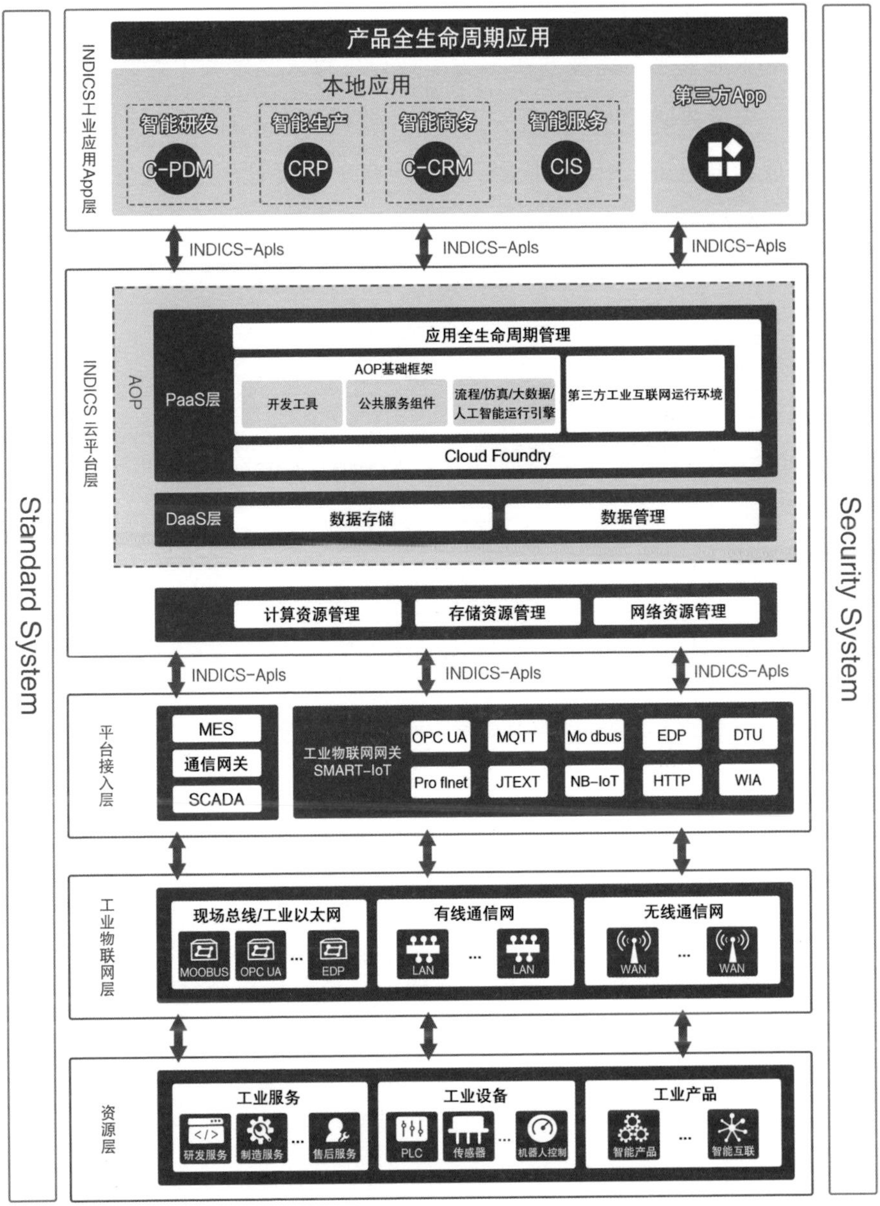

Standard System

Security System

INDICS工业应用App层

产品全生命周期应用

本地应用

智能研发 C-PDM

智能生产 CRP

智能商务 C-CRM

智能服务 CIS

第三方App

INDICS-Apls　INDICS-Apls　INDICS-Apls

INDICS 云平台层

AOP

PaaS层

应用全生命周期管理

AOP基础框架

开发工具　公共服务组件　流程/仿真/大数据/人工智能运行引擎

第三方工业互联网运行环境

Cloud Foundry

DaaS层

数据存储　数据管理

计算资源管理　存储资源管理　网络资源管理

INDICS-Apls　INDICS-Apls　INDICS-Apls

平台接入层

MES　通信网关　SCADA

工业物联网网关 SMART-IoT

OPC UA　MQTT　Mo dbus　EDP　DTU

Pro flnet　JTEXT　NB-IoT　HTTP　WIA

工业物联网层

现场总线/工业以太网：MOOBUS　OPC UA　…　EDP

有线通信网：LAN　…　LAN

无线通信网：WAN　…　WAN

资源层

工业服务：研发服务　制造服务　…　售后服务

工业设备：PLC　传感器　…　机器人控制

工业产品：智能产品　…　智能互联

图4-5　航天科工INDICS平台架构图

3. 工业云平台核心技术

工业云平台需要解决多类工业设备接入、多源工业数据集成、海量数据管理与处理、工业数据建模分析、工业应用创新与集成、工业知识积累迭代等一系列问题，涉及七大类关键技术，如图4-6所示。

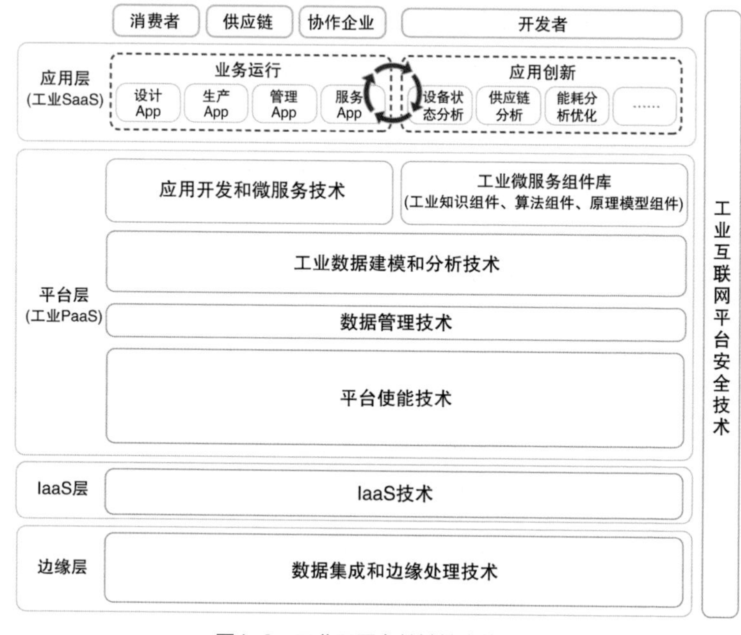

图4-6　工业云平台关键技术体系图

（1）数据集成与边缘处理技术。包括设备接入（工业总线、以太网、光纤等通信协议及3G/4G/5G、NB-IoT等无线协议）、协议转换（协议解析、格式转换以及远程传输等）、边缘数据处理等技术。

（2）IaaS 技术。基于虚拟化、分布式存储、并行计算、负载调度等技术，实现网络、计算、存储等计算机资源的池化管

理，根据需求进行弹性分配，并确保资源使用的安全与隔离，为用户提供完善的云基础设施服务。

（3）平台使能技术。实时监控云端应用的业务量动态变化，实现合理的资源调度；通过虚拟化、数据库隔离、沙盒等技术实现不同用户应用和服务的隔离，保护其隐私与安全。

（4）数据管理技术。包括数据处理框架（如分布式处理架构，海量数据的批处理和流处理计算需求）、数据预处理（如运用数据冗余剔除、异常检测、归一化等方法对原始数据进行清洗）、数据存储与管理（如海量工业数据的分区选择、存储、编目与索引等）等技术。

（5）工业数据建模与分析技术。包括数据分析算法（如数学统计、机器学习、人工智能等算法应用）、机理建模（如物理模型、仿真模型等）等技术。

（6）应用开发和微服务技术。包括多语言与工具支持（如Java、Ruby和PHP 等多种语言编译环境，Eclipse Integration、JBoss Developer Studio和Jenkins等各类开发工具）、微服务架构（服务注册、发现、通信、调用的管理机制和运行环境）、图形化编程等技术。

（7）工业互联网平台安全技术。包括数据接入安全、平台安全、访问安全、信息安全等技术。

4. 工业云平台产业生态

工业云平台产业涉及多层次、多领域，如图4–7所示。在产业链上游，云计算、数据管理、数据分析、数据采集与集成、网络与边缘计算五类专业技术型企业为平台构建提供技术支撑；在产业链

中游，装备与自动化、信息与通信技术、工业软件、生产制造四大领域内领先企业加快平台布局；在产业链下游，垂直领域用户和第三方开发者通过应用部署与创新不断为平台注入新的价值。

图4-7　工业云平台产业体系

（1）信息技术企业。信息技术企业提供关键技术能力，以“被集成”的方式参与平台构建。主要包括云计算企业、数据管理企业、数据分析企业、数据采集与集成企业、网络与边缘计算企业等五类企业。该类企业提供通用使能工具，成为平台建设的重要支撑。

（2）平台企业。平台企业以集成创新为主要模式，以应用创新生态构建为主要目的，整合各类产业和技术要素实现平台构建，是产业体系的核心。主要包括装备与自动化企业、信息与通信技术企业、生产制造企业、工业软件企业等四类企业。该类企业通过整合资源实现平台构建，发挥产业主导作用。

（3）应用主体。工业云平台通过功能开放和资源调用大幅降

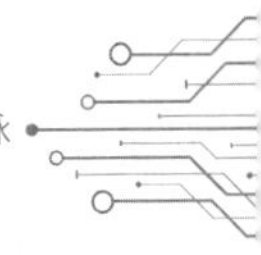

低工业应用创新门槛，随着智能制造的发展，其应用主体也逐步增多。主要分为垂直领域用户、第三方开发者等两大类。以平台为载体开展应用创新，实现平台价值提升。

（三）工业数字化转型

1. 数字化转型

随着自动化、智能化在工业制造各层级、各环节的逐步应用，传感器、云平台的应用范围不断扩大。从单一设备、单个场景的应用逐步向完整生产系统和管理流程的应用过渡，最后将向产业资源协同组织的全局互联演进。数据分析程度不断加深，从以可视化为主的描述性分析，到基于规则的诊断性分析、基于挖掘建模的预测性分析、基于深度学习的指导性分析等，工业制造正在向数字化转型，如图4-8所示。

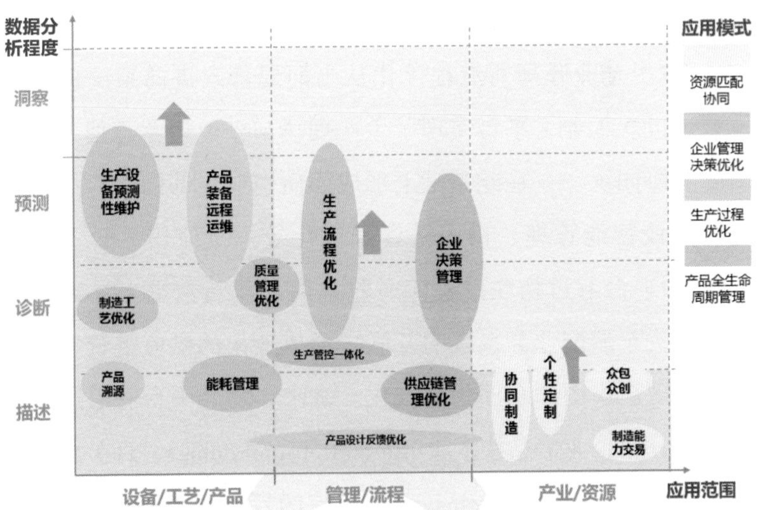

图4-8　工业制造数字化应用

（1）设备、工艺等单场景正步入决策性分析阶段。借助传感器的广泛应用，设备、装备、产品等广泛连接于工业云，基于设备机理模型和产品数据挖掘开展了大量基于规则的故障诊断、工艺参数优化、设备状态趋势预测、部件寿命预测等单点应用。如美国通用电气公司（GE）依托Predix平台，通过构建数字双胞胎实现对航空发动机、燃气轮机等重型装备的健康管理；施耐德基于Ecostruxure平台为罗切斯特医疗中心提供配电设备管理服务，实现电力故障的预测性报警与分析。随着数据的持续积累与分析方法的不断完善，将形成基于产品数据挖掘的更精准的分析模型，并自主提出指导性优化建议。目前该趋势已初步显现，例如微软Azure IoT平台为Rolls-Royce发动机提供基于机器学习的海量数据分析和模型构建，能够在部件即将发生故障时准确预报异常并提前介入，主动帮助 Rolls-Royce规划解决方案。

（2）企业管理与流程优化从当前局部改进向系统性全局优化迈进。工业云平台实现了生产现场与企业运营管理、资源调度的协同统一，在此基础上形成面向企业局部的生产过程优化、企业智能管理、供应链管理优化等重点应用。日立公司Lumada平台通过物联设备实时收集商品流转数据，并通过与子公司货车调配业务系统的互联，形成庞大的供应链管理数据池，实现全集团的仓储物流优化。未来，随着平台底层连接能力的提升和企业信息技术（information technology，IT）至操作技术（operational technology，OT）层的打通，大量生产现场数据和管理系统数据将被集成，基于海量数据分析挖掘，实现智

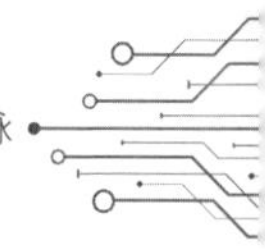

能工厂整体优化、企业实时智能决策等应用，实现企业生产管理领域的系统性提升。罗克韦尔公司自动化部门与微软AZURE平台合作，打通了OT层自动化系统与IT 层业务系统的数据，基于大量数据进行工厂系统建模与关联分析，实现生产物料管理、产品质量检测、生产管控一体化等综合功能，探索数字工厂的应用。

（3）产业/资源层面从信息交互向资源优化配置演进。工业云平台在应用过程中汇集了大量工业数据、模型算法、软件工具，乃至研发设计、生产加工等各类资源。目前，这些资源在平台上主要通过简单信息交互实现供需对接与资源共享等浅层次应用。未来，随着平台全局运行分析与系统建模能力的逐步提升，平台将成为全局资源优化配置的关键载体。例如，找钢网平台在为钢铁行业上、下游企业提供钢材资源供需对接服务的基础上，正在探索基于大数据分析的钢厂精准供需匹配、资源区域性优化投放和最优定价策略。

2. 工业数字化应用

（1）面向工业现场的生产过程优化。借助传感器的广泛应用，工业云平台能够有效地采集和汇聚设备运行数据、工艺参数、质量检测数据、物料配送数据和进度管理数据等生产现场数据，通过数据分析和反馈，在制造工艺、生产流程、质量管理、设备维护和能耗管理等具体应用场景中实现优化。

如GE在制造工艺优化方面，基于Predix平台（图4-9）实现高压涡轮叶片钻孔工艺参数的优化，将产品一次成型率由不到25%提升到95%以上；博世公司在生产流程优化方面，基于工业

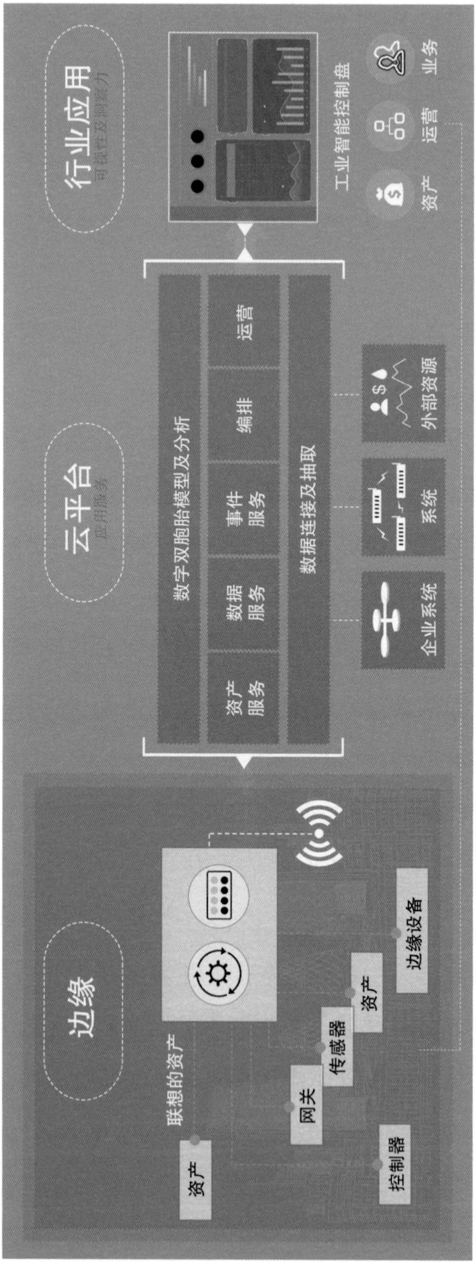

边缘
联想的资产
资产
网关
传感器
资产
控制器
边缘设备

云平台
应用服务
数字双胞胎模型及分析
资产服务
数据服务
事件服务
编排
运营
数据连接及抽取
企业系统
系统
外部资源

行业应用
可视性及洞察力
工业智能控制盘
资产
运营
业务

图4-9　Predix平台架构图

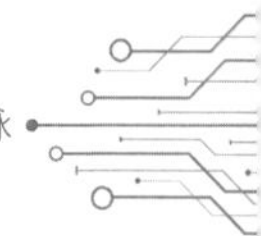

云平台为欧司朗集团提供生产绩效管理服务，可在生产环境中协调不同来源的数据，提取有价值的信息并自动运用专家数据库进行评估，实现了生产任务的自动分配；富士康集团在质量管理优化方面，基于其平台实现全场产品良率自动诊断，打通车间产能、质量、人力、成本等各类运行状况数据，并对相关数据进行分析计算和大数据优化，使良率诊断时间缩短了90%；控创集团（Kontron）在设备维护、优化方面，基于Intel IoT平台智能网关和监测技术，将机器运行数据和故障参数发送到后台系统进行建模分析，实现板卡类制造设备的预测性维护；施耐德在能耗管理优化方面，为康密劳硅锰及电解锰冶炼工厂提供了EcoStruxure能效管理平台服务，建立能源设备管理、生产能耗分析、能源事件管理等功能集成的统一架构，实现了锰矿生产过程中的能耗优化。

（2）面向企业运营的管理决策优化。借助工业云平台可打通生产现场数据、企业管理数据和供应链数据，提升决策效率，实现更加精准与透明的企业管理，其具体应用场景包括供应链管理优化、生产管控一体化、企业决策管理等。

例如，雅戈尔公司在供应链管理优化方面，基于IBM（国际商业机器公司）Bluemix平台对供应链和生产系统的重要数据进行抽取和多维分析，优化供应链管理并使库存周转率提高了1倍以上，库存成本节省了2.5亿元，缺货损失减少了30%以上，工厂的准时交货率达99%以上；石化盈科公司在生产管控一体化方面，通过ProMACE平台（图4-10），围绕生产计划优化，推动经营绩效分析、供应链一体化协同及排产、实时优化、先进

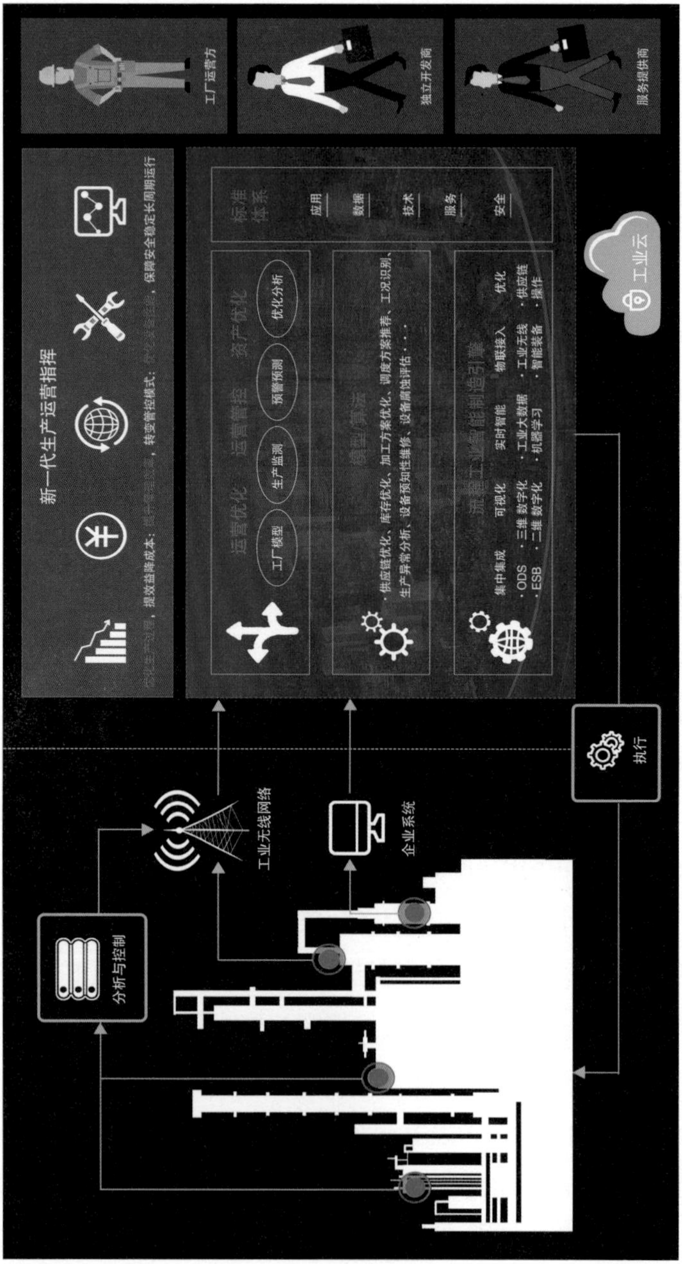

图4-10　ProMACE平台架构图

控制和控制回路的闭环管控，实现财务日结月清；中联重科在企业决策管理方面，结合SAP HANA平台的计算能力及SAP SLT数据复制技术，实现工程起重机销售服务、客户信用销售、集团内控运营三个领域的实时分析，有效针对市场变化做出快速智能决策。

（3）面向社会化生产的资源优化配置与协同。工业云平台可实现制造企业与外部用户需求、创新资源、生产能力的全面对接，推动设计、制造、供应和服务环节的并行组织和协同优化。其具体场景包括协同制造、制造能力交易与个性定制等。

例如，河南航天液压气动技术有限公司在协同制造方面，基于航天云网INDICS平台，实现了与总体设计部、总装厂所的协同研发与工艺设计，研发周期缩短35%、资源利用率提升30%，生产效率提高40%；沈阳机床在制造能力交易优化方面，基于iSESOL平台向奥邦锻造公司提供了i5机床租赁服务，通过平台以融资租赁模式向奥邦锻造公司提供机床，按照制造能力付费，有效降低了用户资金门槛，释放了产能；海尔在个性化定制方面，依托COSMOPlat平台（图4-11）与用户进行交互，对用户个性化定制订单进行全过程追踪，同时将需求搜集、产品订单、原料供应、产品设计、生产组装和智能分析等环节打通，打造适应大规模定制模式的生产系统，形成6000多种个性化定制方案，使用户订单合格率提高2%，交付周期缩短50%；树根互联与久隆保险在产融结合方面，基于根云（RootCloud）共同推出UBI（usage-based insurance）挖掘机延保产品数据平台，明确适合开展业务的机器类型，指导保险对每一档业务进行精准定价。

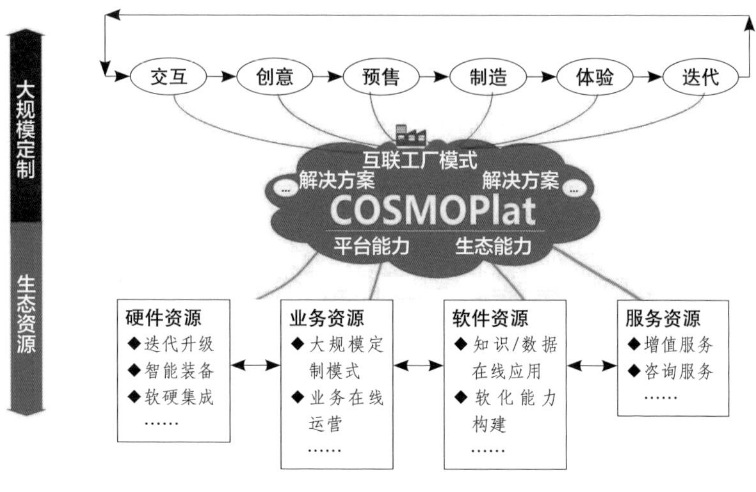

图4-11　COSMOPlat架构图

（4）面向产品全生命周期的管理与服务优化。工业云平台可以将产品设计、生产、运行和服务数据进行全面集成，以全生命周期可追溯为基础，在设计环节实现可制造性预测，在使用环节实现健康管理，并通过生产与使用数据的反馈来改进产品设计。当前其具体应用场景主要有产品溯源、产品/装备远程预测性维护、产品设计反馈优化等。

例如，PTC在产品溯源优化方面，借助ThingWorx平台的全生命周期追溯系统，帮助芯片制造公司ATI（Array Technology Industry）实现生产环节到使用环节的全打通，使每个产品具备单一数据来源，为产品售后服务提供全面、准确的信息；恩爱普公司（SAP）在远程预测性维修方面，通过加装传感器实时采集火车各部件数据，依托HANA平台集成实时数据与维护数据、仪器仪表参数并进行分析，为意大利铁路运营商Trenitalia提供对火

车运行状态的远程诊断，并提供预测性维护方案；GE公司在产品设计反馈优化方面，使用Predix平台助力自身发动机的设计优化，平台首先对产品交付后的使用数据进行采集分析，依托大量历史积累数据的分析和航线运营信息的反馈，对设计端模型、参数和制造端工艺、流程进行优化，通过不断迭代实现发动机的设计改进和性能提升。

二、5G驱动的工业AR/VR应用

（一）AR/VR助力智能制造的超级柔性部署升级

很多人说3G成就了微信，4G成就了小视频。现在5G来了，下一个成就将会在哪里，是AR（augmented reality，增强现实）/VR（virtual reality，虚拟现实）、无人驾驶，还是工业互联网？其实，随着5G的到来，受影响最大的是电信运营商。当前，5G对运营商的挑战主要体现在以下几个方面：

1. 时间和任务之间的矛盾

5G从出标准到商用部署，只用了不到1年的时间，而4G用了5年。从场景的角度来说，5G更多元，部署更多样化，5G核心网也是一个全新的架构，所以时间紧、任务重。

2. 成熟度和高预期之间的矛盾

各级政府、很多企业都对5G有很高的预期，但实际上从出标准到应用于整个产业，到整个行业终端的成熟，其实需要很长一段时间。

3. 投资和收益之间的矛盾

5G基站和功耗的成本是4G的3.5~4倍，而且5G的频段高，覆盖范围更广，整个投资非常大，同时，商业模式也不明确，所以运营商压力非常大。

4. 资源的矛盾

随着套餐不清零、不限量套餐等产品和服务的推出，用户使

用的流量在激增，不同运营商之间需要进一步协作与沟通。

5G对行业的影响可以分为三类：第一类是带来行业突变，如移动监控、高清视频、AR/VR等；第二类是帮助行业进一步优化，如医疗、教育等；第三类是带来更多创新的行业，如能源、制造、车联网等。当前，工业领域亟须构建新一代无线通信。现有无线通信协议众多、各有不足且相对封闭，导致设备互联互通难，制约了设备上传信息到云平台。通过5G可以实现机器化，降本增效；能以移代固，助力柔性制造；能机电分离，实现设备的快速迭代。具体应用场景包括机器视觉、工业焊接、远程现场、远程控制等。5G的应用其实是分阶段成熟的过程。当前，由于eMBB的标准最先成熟，所以AR/VR、高清视频领域将最先应用5G。随着其他网络标准的推进，低时延、高速率会普及，但整体依然处于逐步发展的阶段。

虚拟现实定义及概述：虚拟现实技术，也称人工环境，是利用电脑或其他智能计算设备模拟产生一个三维空间的虚拟世界，为用户提供关于视觉、听觉、触觉等感官的模拟感受。VR行业覆盖硬件、系统、平台、开发工具、应用以及消费内容等诸多方面。

目前，虚拟现实产业正处于初期增长阶段，我国各地政府积极出台专项政策，各地产业发展各具特色。现阶段我国虚拟现实产业生态初步形成，产业链主要涉及内容应用、终端器件、网络通信/平台和内容生产系统等细分区域。

VR技术在全球兴起，谷歌、索尼、Facebook等科技巨头纷纷加大相关技术及产品研发的力度，国内多家公司也陆续推出

VR产品。

智能可穿戴设备是指应用先进电子技术对日常穿戴设备进行智能化开发、设计而成的智能设备。VR产品主要分为移动VR、PC VR以及VR一体机，如表4-2所示。

表4-2　VR分类以及相关产品

类型	移动VR	PC VR	VR一体机
特点	价位低，易普及，内容以3D手游和视频为主	主流VR产品，相对成熟，用户体验较好，内容较为丰富	便携性好
代表产品	暴风魔镜、小米VR、灵境小白、DreamVR	3GClass、蚁视、游戏狂人、EMAX	高通VR820、酷开VR、大朋
应用潜力	移动互联网轻应用视频、手游、影音、社交等	深度游戏玩家和影音用户	日常应用，专业办公，深度影音游戏

5G的到来是AR/VR再迎春天的关键推手。目前在4G网络的传输速度下，用户很难体验流畅的VR视频。而对于AR体验来说，当识别的景象发生连续大量的动态变化时，单单依靠终端也难以负荷庞大的计算量。5G时代可以通过云端计算，在边缘云上进行大量的处理，用高CPU/GPU进行这种处理不会产生过多的功耗，通过5G的快速连接可以迅速地传到本地，将有力支撑用户AR/VR产品体验的提升。5G所采用的频率是远高于4G网络的，而频率越高，频段就越宽。频段加宽，就可以使单位时间内的传输量得到大幅度提升，进而带来超高速的传输速率的提升。例如，华为VR OpenLab 联合视博云等合作伙伴在西班牙MWC（世界移动通信大会）上，发布了最新的VR解决方案——Cloud

VR，即将VR运行能力由终端向云端转移，以此来推动VR/AR应用在智能手机端的普及。

在5G基站建设方面，相比4G网络建造的宏基站，5G网络所采用的基站更多的是微型基站。5G采用移动边缘计算机制，即将处理逻辑下沉到网络的边缘，也就是更靠近用户的基站。一旦用户发出请求，数据便可以在极短的时间内传输到基站，而基站也可以更快速地给用户以反馈。因此，5G网络能够让AR/VR应用在移动终端的时延极大地缩短。

根据IDC（互联网数据中心）最新发布的2019年AR/VR市场十大预测，目前AR/VR行业应用正在进一步展开和深入，细分领域消费场景不断得到丰富。首先，观影一体机VR市场将继续扩大，家庭IMAX观影有望引领全球观影VR市场的发展。其次，AR技术的应用在工业互联网的智能化发展中发挥重要作用。通过物联网和AR技术的结合来实现可视化管控，AR/VR在移动端及游戏、社交、营销、电商等领域也将得到进一步的拓展。对于传统的AR/VR游戏，由于目前用户普及率比较低，随着国内厂商的投入力度加大，未来有望进一步提升其市场空间。

目前行业中做AR/VR整机集成的上市公司极少，但产业链上的企业却可以极大地分享这块蛋糕，其中硬件主要包括芯片、传感器、显示器件等，软件分为基础软件和应用软件。存储产业链包括兆易创新，芯片产业链包括北京君正、全志科技等，CMOS（收集目标管理系统）厂商包括豪威科技（韦尔股份），镜头产业链包括舜宇光学、欧菲科技、联合光电、联创电子、光宝科技（立讯精密）、利达光电、水晶光电、福晶科技、永新光

学、歌尔股份（AR代工）、联创电子等，整体解决方案包括利亚德等。

工业穿戴及工业图像处理柔性部署：制造业的发展与科技的进步密不可分。1978—1987年，中国制造业处于起步阶段，中小企业主要靠个人打拼、手工管理，相对比较落后；1988—1997年，中国的制造业处于成长阶段，民营企业开始崛起，同时有很多外资企业进入中国，中国制造业发展较迅速，该阶段主要通过部门级软件进行管理；1998—2011年，中国制造业处于崛起阶段，中国企业开始融入世界，“中国制造”闻名全球。2002年至今，中国从制造大国向制造强国转变，中国制造向中国创造转变，实行中国制造2025互联网+行动计划，推动移动互联网、云计算、大数据、物联网等与现代制造业的结合。推进互联网+，是中国经济转型的重大契机。传统产业有自己的优势，要推动传统行业与互联网+结合，释放更大活力。互联网+的本质是产业互联网，与工业4.0不谋而合。互联网+是两化融合的升级版，将推动“中国制造”走向“中国智造”。

工厂信息的自动传输与数据采集：通过现场智慧终端与ERP/MES（企业资源计划/生产执行系统）的无缝连接，整个工厂内部的生产运营信息快速、及时、自动地传输到工厂内部现场的任何工作站点或机器设备。通过利用现场智慧终端的数据采集、人机交互、机机互联将信息及时反馈到数据中心，实现工厂内部信息的及时流通。传统的生产方式采用打印的文件来传递生产信息和数据，随着小批量、多品种生产方式的兴起，编制、打印和分发一个工单文件所花费的时间会比完成这个工单制造的时

间还要长。小批量高效制造首先要求信息和数据能高效地传输，人和机器在现场采集的数据能及时传输到MES服务器，而MES的信息数据也能及时地传递给生产现场的人和机器。现场智慧终端完美扮演了现场数据采集以及在人机MES之间高效数据传输的角色。

基于VR/AR的信息自动传输与数据采集，有助于智能制造向超级柔性部署升级。智能制造的超级柔性部署主要体现在组织、物流、生产等方面。

（1）超级柔性：从组织、物流、生产三方面做起。组织柔性，如协同计划，优先级模型，物料占用；生产协同，如跨工厂工序协同跨工厂领料，跨工厂入库，跨工厂受托加工；制造策略，按库存生产（MTS），按订单生产（MTO），按订单装配（ATO）。

（2）组织柔性：①销售与生产组织协同。a. 集中销售、分散生产、集中发货。集团统一接单，各工厂完成生产，工厂完成产品生产任务后先入库/调拨给集团，集团统一负责发货给客户。b. 集中销售、分散生产、分散发货。集团统一接单，各工厂完成生产，工厂完成产品生产任务后直接发货给客户。②组织间生产计划协同。a. 集团统一计划，各工厂执行，集团统一编制MPS（主生产计划）/MRP（物料需求计划），工厂只负责计划的执行。b. 集团编制产品计划，各工厂编制MRP，集团统一权衡工厂产能负荷，集团统一进行产品订单的分配与计划，工厂依据集团产品计划编制MPS/MRP。c. 组织间协同计划，各组织独立编制计划，组织间以需求单形式传递需求。③组织间采购计划

协同。a. 集中计划、集中采购、集中收货，集团统一管理采购物资，集团统一制订采购计划，充分整合利用资源，减少浪费。b. 分散计划、集中采购、分散收货，集团统一制定采购政策，工厂制订采购计划，工厂负责采购收货。④组织间生产执行协同。a. 工序协同，部分工序由协同工厂加工，工厂之间结算加工费。b. 委托/受托协同，工厂将产品/部件委托给其他工厂加工，委托方提供原材料，委托方与受托方结算加工费用。c. 物料协同，跨组织领料，跨组织入库。

（3）物流柔性：工厂内部物料的自动传输与及时送达。智慧物料供应、物流全业务扫码驱动、条码规则、条码生成、条码打印、条码扫描的流程如图4-12所示。

（4）生产柔性：细胞式生产单元。从前的生产方式具有大批量，僵化，生产线切换复杂，难以应对个性化、小批量市场需求等缺点，难以满足现今的生产要求。细胞式生产单元具有以下优点：单件流、更具柔性、人性化、自主性空间利用率高。

智能可穿戴产品的需求未来将高速增长，然而整体制造能力不能满足行业高速增长、变化快的要求。消费者对于产品的外观、功能和售后定制服务提出了更多复杂的需求，大批量生产的产品趋同已不能适应消费升级的需求。成本高、招工困难给企业带来严峻挑战。升级现有制造模式，打造柔性化、数字化和智能化的生产体系，以适应消费者日益提升的个性化需求以及市场快速变化的趋势尤为迫切。

歌尔股份有限公司参考工业互联网体系架构，从网络、物理系统、数据、安全和应用五个方面进行了规划，如图4-13所示。

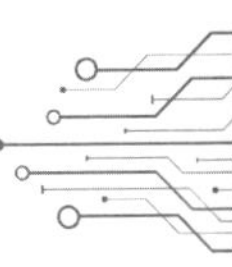

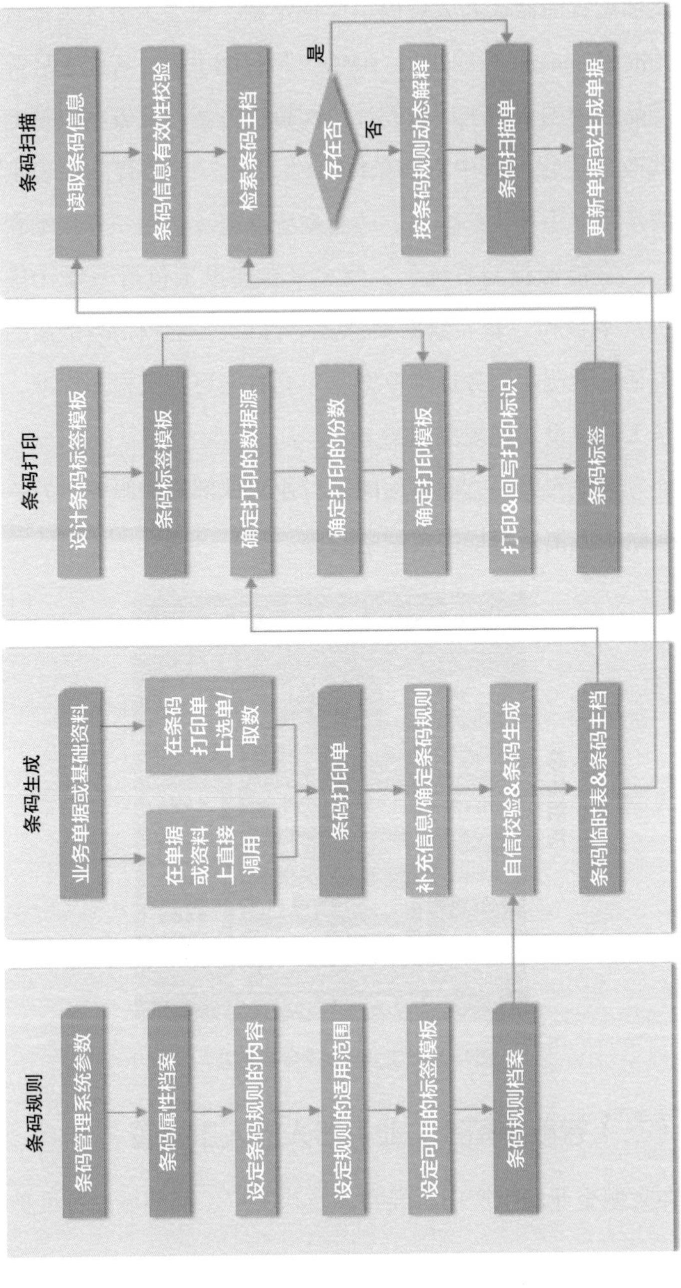

条码规则

条码管理系统参数 → 条码属性档案 → 设定条码规则的内容 → 设定规则的适用范围 → 设定可用的标签模板 → 条码规则档案

条码生成

业务单据或基础资料 → 在单据或资料上直接调用 / 在条码打印单上选单/取数 → 条码打印单 → 补充信息/确定条码规则 → 自信校验&条码生成 → 条码临时表&条码主档

条码打印

设计条码标签模板 → 条码标签模板 → 确定打印的数据源 → 确定打印的份数 → 确定打印模板 → 打印&回写打印标识 → 条码标签

条码扫描

读取条码信息 → 条码信息有效性校验 → 检索条码主档 → 存在否（是 → 条码扫描单；否 → 按条码规则动态解释 → 条码扫描单）→ 更新单据或生成单据

图4-12　条码扫描流程图

面向离散型智能制造和大规模个性化定制，建立了包含头戴式显示器（head-mounted display，HMD）、智能手表、智能手环等可穿戴产品在内的智慧工厂软硬件协同解决方案，此方案包括七条生产线改造优化（其中有四条HMD生产线、一条智能手表生产线、两条智能手环生产线）、两套系统部署（包括一套自动仓储系统、一套能源控制系统）、两大平台建设（包括一套3D虚拟工厂仿真平台和一套大数据聚合云平台）、三套标准/草案的形成（包括一套制造服务标准草案、一套智能可穿戴检测标准、一套智慧工厂建设实施规范草案）。

此方案地实施一方面可面向同行业实现部署和服务，另一方面可面向个人消费者提供定制微服务。

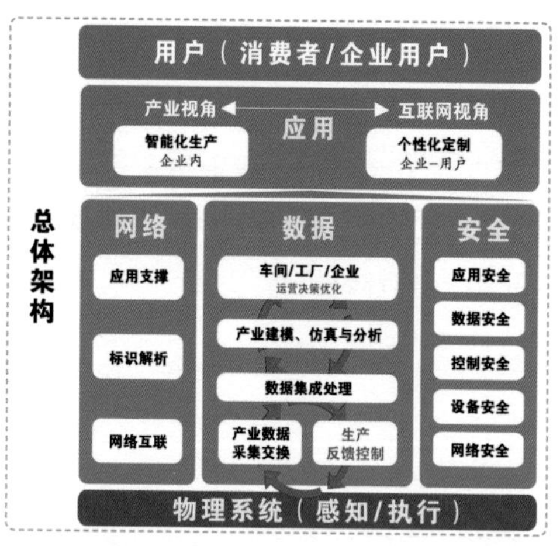

图4-13　工业互联网体系架构

（二）智能装配及工业机器人的人工接管

在大型企业的生产中，经常涉及跨工厂、跨地域设备维护，

远程问题定位等场景。AR/VR技术在这些方面的应用，可以提升企业生产运行、维护效率，降低生产成本。AR/VR带来的不仅是万物互联，还有万物信息交互，使得未来智能工厂的维护工作突破工厂边界。工厂维护工作按照复杂程度，可根据实际情况由工业机器人或者人与工业机器人协作完成。在未来，工厂中每个物体都是一个有唯一IP的终端，生产环节的原材料都具有“信息”属性。原材料会根据“信息”自动生产和维护。人也变成具有自己IP的终端，人和工业机器人进入整个生产环节中，与带有唯一IP的原材料、设备、产品进行信息交互。在工业机器人管理工厂的同时，人在千里之外也可以第一时间接收到实时信息，并进行交互操作。

设想在未来有5G网络覆盖的智能工厂里，当某一物体发生故障时，故障被以最高优先级“零”时延上报给工业机器人。一般情况下，工业机器人可以根据自主学习的经验数据库在不经过人的干涉下完成修复工作。在特殊情况下，由工业机器人判断该故障是否必须由人来进行修复。

此时，人即使远在地球的另一端，也可以通过一台装备有VR和远程触觉感知技术的设备，远程操控工厂内的工业机器人到达故障现场进行修复，工业机器人在万里之外实时同步模拟人的动作，人此时如同亲临现场一样进行施工。

AR/VR技术使得人和工业机器人在处理更复杂场景时也能游刃有余。例如，在需要多人协作修复的情况下，即使是跨越大洲的不同专家也可以各自通过VR和远程触觉感知设备，第一时间“聚集”在故障现场。5G网络的大流量能够满足VR中高清图像

的海量数据交互要求，极低时延使得在触觉感知网络中，人在地球另一端也能把自己的动作无误差地传递给工厂内工业机器人，多人控制工厂中不同机器人进行下一步修复动作。同时，借助万物互联，人和工业机器人、产品和原材料全都被直接连接到各类相关的知识和经验数据库，在故障诊断时，人和工业机器人可参考海量的经验和专业知识，提高问题定位的精准度。

（三）专家业务支撑与远程维护

AR/VR是能够彻底颠覆传统人机交互内容的变革性技术。变革不仅体现在消费领域，更体现在许多商业和企业市场中。AR/VR需要传输、存储和计算大量的数据，这些数据和计算密集型任务如果转移到云端，就能利用云端服务器的数据存储和高速计算能力。

- 维护模式——“维修人员今天来不了”

在当下，这句话简直是噩梦式的开场白，生产线每分每秒的瘫痪都是金钱的流逝。但是在5G时代，“维修人员今天来不了”将成为新常态。别紧张，这并不是说维修人员无法到达现场，而是维修人员无须到达现场了。随着更多设备、更多部件被连入5G网络，故障发生后，维修方（哪怕是跨越大洲的国外专家）可通过5G网络第一时间获取故障信息，“聚集”在故障现场，并利用VR等技术指导工厂实时处理，越来越多的问题可通过在线方式解决。故障高效排除的背后，维修人员也不必再做“日行千里，夜行八百”的“千里马”了。

随着科技的飞速发展，网络科技影响着工作、生活的方方面

面，远程技术为人们的日常活动带来了极大的便利。远程办公、远程培训、远程会议、远程技术支持、远程维护与管理等应用场景越来越频繁地出现。远程技术突破时空限制，能实现信息的远程传输与交流、资源的合理利用，这对企业发展有很大助益，因此受到了很多企业的青睐。2019年4月，西安融科通信技术有限公司（云视互动）联合清华紫光股份有限公司（清华紫光）就远程技术支撑平台签订合约。云视互动利用自身统一服务平台视频客服技术，针对中国国电集团公司（国电）维护、维修工作打造的远程专家技术支撑服务平台，得到了国电的认可。电网是能源电力可持续发展的关键，在现代能源供应体系中起到重要的枢纽作用，国家电网的维护、维修工作是日常工作中非常重要的环节。云视互动提供的远程专家技术支撑服务平台，通过现场技术人员与远程专家连线互动沟通，帮助维修人员及时排除故障问题，为国家电网的维护、维修工作提供了便利。在电能需求量不断增大的情况下，国家电网要保持能源电力的稳定供应与运行，这对国家电网的日常维护工作提出了更高的要求。通过远程专家技术支撑服务平台，专家对国家电网的日常维护提供可行性的建议，助力国家电网为人们日常生活及工作提供更加安全、优质的电力服务。同时，在电网出现故障时，技术维修人员能及时维修，排查故障原因，将影响有效降低。但是由于电网系统繁杂，涉及范围广，影响因素多，现场技术维修人员对故障维修把控能力有限。这时候，行业专家提供的科学的原理分析、各类案例总结、有针对性的意见就很有参考价值。远程专家技术支撑服务平台，能实现远端多名专家与现场技术维修人员互动、沟通、交

流，现场技术维修人员佩戴的AR智能眼镜设备犹如一双无形的手，帮助现场技术维修人员解决现场问题。远程专家技术支撑服务平台能够结合国电维修业务，构建维修经验库，形成企业核心数据知识库，为企业维修工作提供了便利。远程专家技术支撑服务平台的使用，减少了维修人员的重复、无效工作，帮助维修人员更快地找到故障问题所在和对应的解决措施，提高问题排查效率，促进供电可靠性。

智能制造的基本商业理念是通过更灵活、高效的生产系统，更快地将高质量的产品推向市场，其主要优点包括：①通过协作机器人和AR智能眼镜，协助整个装配流程中的工作人员提高工作效率。协作机器人需要不断交换分析数据以同步自动化流程。AR智能眼镜使工作人员能够更快、更准确地完成工作。②通过基于状态的监控、机器学习、基于物理的数字仿真和数字孪生手段，准确预测未来的性能变化，从而优化维护计划并自动订购零件，减少停机时间，降低维护成本。③通过优化供应商内部和外部数据的可访问性和透明度，降低物流和库存成本。基于云的网络管理解决方案确保了智能制造在安全的环境中共享数据。

人口老龄化加速在欧洲和亚洲已经呈现出明显的趋势。从2000年到2030年的30年中，全球超过55岁的人口占比将从12%增长到20%。穆迪公司（Moody's）的分析报告指出，一些国家如英国、日本、德国、意大利、美国和法国等将会成为“超级老龄化”国家，这些国家超过65岁的人口占比将会超过20%，更先进的医疗水平成为老龄化社会的重要保障。在过去5年里，移动互联网在医疗设备中的应用正在增加。医疗行业开始利用可穿戴或

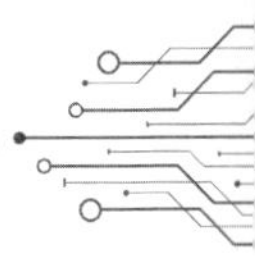

便携设备集成远程诊断、远程手术和远程医疗监控等解决方案，如图4–14所示。

远程内窥镜

阶段	数据速率	时延
阶段1：光学内窥镜	12 Mb/s	35 ms
阶段2：360°4K+触觉反馈	50 Mb/s	5 ms

远程超声波

阶段	数据速率	时延
阶段1：半自动，触觉反馈	15 Mb/s	10 ms
阶段2：AI视觉辅助，触觉反馈	23 Mb/s	10 ms

图4–14　远程医疗

（四）基于人工智能教学与虚拟化培训的技能传承体系

人工智能的迅速发展将深刻改变人类社会生活、改变世界。经过60多年的演进，特别是在移动互联网、大数据、超级计算、传感网、脑科学等新理论、新技术以及经济社会发展强烈需求的共同驱动下，人工智能加速发展，呈现出深度学习、跨界融合、人机协同、群智开放、自主操控等新特征。大数据驱动知识学习、跨媒体协同处理、人机协同增强智能、群体集成智能、自主智能系统成为人工智能的发展重点，受脑科学研究成果启发的类脑智能蓄势待发，芯片化、硬件化、平台化趋势更加明显，人工智能发展进入新阶段。当前，新一代人工智能相关学科发展、理论建模、技术创新、软硬件升级等整体推进，正在引发链式突破，推动经济社会各领域从数字化、网络化向智能化加速跃升。人工智能应用如图4–15所示。

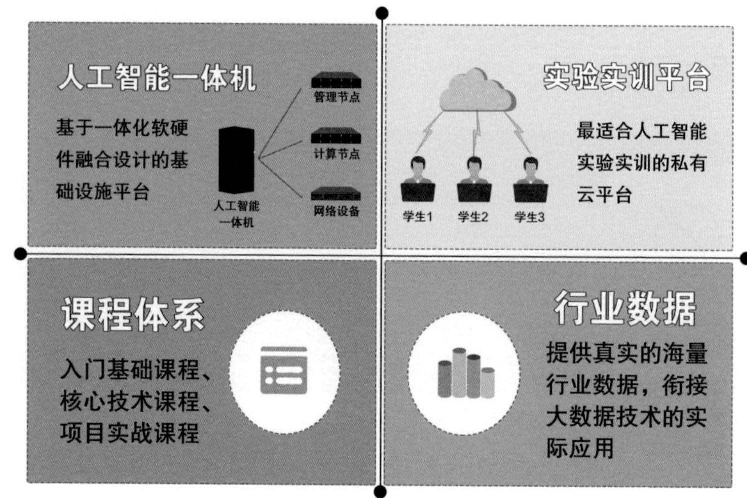

图4-15　人工智能应用

人工智能教学平台有以下优势：

1. 方案优势

基于云模式的智慧教育人工智能教学实训平台设计，全面践行“产、学、用、监、评”一体化的理念，从教学、实践、使用、监控、评估等多方面培养专业人才和特色人才。学生可以通过教学平台熟练掌握人工智能的基础知识，通过掌握的知识在人工智能课程中动手实践。

系统平台方案融合C语言、Python等基础编程课程，人工智能领域涉及深度学习、机器学习、图像识别、自然语言处理、生物特征识别等诸多方面，课程类型包括基础实训、关键技术掌握、应用创新等各层次实践教学。从面向人工智能行业的需求、促进学生职业发展的角度，规划建设基于云模式的人工智能实训系统，真正在产业、学校及实际项目中相互配合，发挥优势，形成“产、学、用、监、评”的系统运作模式，从而建设人工智能特色专业。

利用虚拟化教学资源，搭建实训实战平台，将理论学习、实践教学和人工智能的搭建、挖掘、存储、分析、实战融为一体，从易到难，循序渐进，逐步提升学生的学习技能和实践水平，提高“学”的质量和成效。定制专业化技能评估与教学监控功能，将学生的学习情况、专业喜好、适用岗位形成报告模板。秉承“精准、先进、创新”的原则，实时监控学生操作，分析学生的学习情况，评估学生的知识水平，从而减轻学校及教师的压力。教师依据监控实况进行精准化教学，免去非必要的讲解，节省了大量的时间。分析评估报告，把握学生学习动向，精准指导教学。推送功能将人工智能公司需求模板与评估报告相匹配，若匹配度高度吻合，将直接进行推送，减轻学校及学生们的就业负担。

2. 技术优势

平台采用私有云模式，所有课程均在云端进行。自主研发设计的云平台可将硬件资源进行集中分配。学生实验所需的开发与操作环境均以虚拟化的方式提供。实验平台可为每个学生分配独立的实验环境，提供简单可用的开发环境，并可对环境中的学生资源进行有效管理。

人工智能充分发挥了虚拟现实情境的独特优势，能够不断激发学生学习的自主性、协作性和创造性。

虚拟现实既能够提供一种可迁移的经验，也可以丰富我们日常的非虚拟现实的经验。通过对真实世界的模拟，给学习者提供

机会去进行多种尝试，既没有现实世界所存在的危险性，也避免了现实世界所需要的时间、空间和金钱上的浪费。

（1）利用虚拟现实技术进行知识学习。

虚拟现实技术，一方面可以轻松再现现实世界中难以观察到的自然现象或者事物演变过程，使抽象的概念直观化、形象化，有助于学生理解抽象概念和抽象事物；另一方面，虚拟现实技术可以让学生按自己的需要和进度进行实时的交互式学习，由被动式的接受学习转化为主动式的发现学习，能充分调动学生的学习兴趣。

（2）利用虚拟现实技术进行网络化教学。

有些场景在现实生活中不是时时刻刻都存在的，有时间和空间的限制。而虚拟现实技术不仅能向学生提供一种可在实际生活中找到的情境和经验，还能再现特定的环境。随着网络技术和虚拟现实技术的日益成熟，基于网络的虚拟化教学将会成为一种全新的教学方式（图4–16）。将两者相结合，可以实现资源的实时

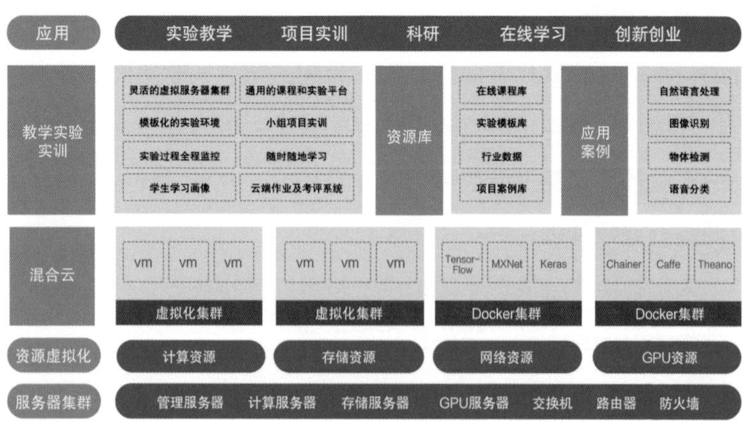

图4–16　虚拟化培训

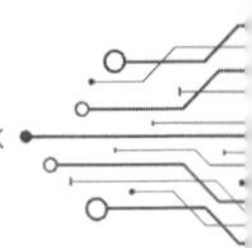

共享与实时传输，令知识保持流动性、共享性，并能使学习者在第一时间学习到最新的理念。虚拟现实技术在教学中的使用，是对传统教育的有益补充，也是对传统教育的一次改革，二者的结合不仅让学习者体会到学习的快乐，也能够为教育者提供丰富的教学资源，并可以产生新的教学系统。

（3）利用虚拟现实技术进行虚拟实验。

在实验教学中，对于需要花费大量资金才能进行的实验，或一些有危险性、反应比较剧烈、时间较长的实验，都可以运用虚拟现实技术进行仿真模拟。在虚拟的“实验室”里，学生可以按照自己的想法做一些在现实世界中不适合做的实验。在虚拟实验中，学生的各种感官被充分调动起来，并与环境相互作用，这样大大提高了学习的兴趣，并可获得非常良好的学习效果。在一些地区，实验设施条件差，学生缺少使用某些仪器、试剂进行实验的机会，在这种情况下就可以通过虚拟现实软件来弥补，学生学习不再受学习条件、实验设备及场地设施的限制，因而提高了学习质量和效率。

三、5G云化工业机器人

5G技术的快速发展离不开智能制造对移动互联网日益增长的需求。随着制造行业向智能化方向发展，越来越多的新型智能化生产制造设备加入了智能工厂，并逐渐替代了传统的机械式生产制造设备，如车床、铣床、刨床、磨床，组成了智能化生产制造系统。在智能化生产制造系统的帮助下，工厂不但拥有了更为精准的数字化生产加工工艺，而且提升了制造产品的效率。更重要的是，工厂具备了可以对最新市场和用户需求进行快速响应的能力。在一定程度上，工厂可以通过智能化生产制造系统，重复利用工厂内已有的智能化生产制造设备，进而实现生产多样化，满足多变的市场和用户需求。而实现这一切的基础，都基于新型智能化生产制造设备——工业机器人。

根据ISO（国际标准化组织）8373的规定，工业机器人是位置可以固定或移动，能够实现自动控制、可重复编程、多功能多用处、末端操作器的位置要在3个或3个以上自由度内可编程的工业自动化设备。根据机械原理，自由度为机构具有特定运动时所必须给定的独立运动参数的数目，其包括以某一个轴为中心的三个维度的平动和转动。举个最为典型的工业机器人的例子，智能工厂中普遍存在的机械手臂主要是由一系列相互配合的零件组成，通过可重复的编程和自动控制，参与生产制造过程中特定的一环，如负责加工或抓取、移动特定的物体。

工业机器人的研发涉及多个基础学科的配合，如工业机器人

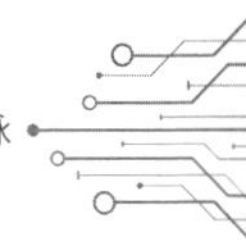

物理结构研究需要机械工程、材料学等领域的支持；工业机器人电子电器架构研究需要电子电器工程、自动化等领域的帮助；工业机器人的环境感知、决策规划、运动控制、通信算法研究需要计算机科学、通信、人工智能与深度学习、云计算等领域的配合；工业机器人的人机交互方式也少不了人因工程、设计等领域的支援。交叉学科的智慧融合促进了工业机器人的发展，同时也为工业机器人推动智能制造的发展打下了坚固的基础。

如果提到工业机器人具体的服务范围，最为典型的场景就是工业机器人在汽车制造业的应用。一个个灵活的机械手臂在不同的生产线上，承担着车辆生产制造过程中不同的任务。例如，有的负责在车身上打孔，有的负责焊接车身，有的负责将车门搬运到车身旁进行辅助安装，有的负责对整装车辆的外表面进行喷漆。它们代替了人类，在危险、有毒、高温等恶劣的环境中重复着单一而繁重的工作。

如今，智能工厂为了能在激烈的市场竞争中占据一席之地，对工业机器人的期望也越来越高。正如前文所提到的，智能工厂需要适应多变的市场和用户需求，需要支持快速的自适应响应，从而能进行多种类产品的生产与制造，以此保证智能工厂在市场上一直具备竞争力。而这些恰好是柔性生产方式的核心要求。在柔性生产方式下，智能工厂内所有参与生产制造的工业机器人需要能自行组织并协调同步，以满足柔性生产的需求。可是我们如何实现工厂内工业机器人与工业机器人之间的自行组织和协调同步呢？

首先，工业机器人自身需要能处理更多的工作。因为人们期

待工业机器人能和人类一样智能化，在面对不同的外部环境时，可以基于大脑的思考与判断，通过手、脚和其他的工具作出对应的反应。随着人工智能、深度学习和智能芯片等领域的发展，工业机器人本身的环境感知能力和执行能力也在逐步地加强。这一切也将为传统的、通过单一程序控制的、在辅助生产制造流水线上进行简单且重复工作的工业机器人带来下一代升级的可能性。工业机器人也将在这些前提下变得越来越智能，进而可以独自承担更多的生产、制造任务。

其次，正如人类具备社交能力，人们对工业机器人的期望也是如此。除了提高其本身的能力，让工业机器人能服务更大的范围以外，人们还希望工业机器人能具备和外部进行信息交互、信息传输的能力，及时响应来自远程控制终端的实时需求，并可以与智能工厂中其他的生产制造方协同合作。互联网在其中扮演着必不可少的角色。

互联网的发展为工业机器人和外部通信提供了可能性，但同时也为工业机器人和外部通信带来了一个新的问题——如何找到一种信息传输方式，既可以保证传输大量数据时低时延，又可以保障工业机器人的工作范围不受到限制。物理的线束传输可以确保工业机器人与外界通信时低时延，但是其带来的工作范围限制，也会影响工业机器人所能提供的服务覆盖度。基于Wi-Fi等无线传输的方式，因为其传输速度的限制，无法保证在需要大量数据传输时工业机器人的实时响应。

5G时代的到来，为上述问题提供了一条解决思路。人们可以尝试通过5G技术为工业机器人和外界打造一条用于通信的智

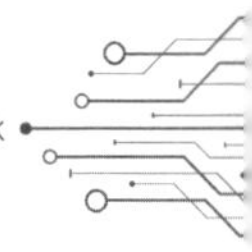

能化道路，这样既确保了工业机器人具备和外部进行实时大量数据传输的能力，又可以解决工业机器人由于物理线束传输限制而带来的工作范围受限、提供服务的覆盖度受限等问题。在这样的条件下，工业机器人也将从单机智能设备升级为社交性智能化设备，从而提供了使其初步自行组织并协调同步的可能性。

最后，需要云计算平台的支持。类比人类的工作，如果旁边有一台计算机，人类可以更快地处理更为复杂的任务，云计算平台就是一个在云端的超大型计算机，它可以根据智能工厂中任意时刻任意一个工业机器人的请求，提供满足对应其需求资源的数据处理、数据存储等服务，帮助工业机器人更快地处理更为复杂的问题。因为云计算平台的出现，可以将智能工厂中所有工业机器人通过网络连接到云端超高计算能力的控制中心，让“云端大脑”对智能工厂中所有工业机器人进行管理、控制。在降低单个工业机器人本身硬件成本和功耗的同时，保证了其更加高效的智能化管理。例如，云平台可以通过收集工业机器人和智能工厂流水线上的实时数据，为优化生产制造管控提供有力的数据支撑，而且当某个工业机器人出现运行故障等问题后，云平台可以及时发现并上报，同时快速启动替代方案。

综上所述，我们不难发现，智能工厂对工厂内工业机器人之间的自行组织、协调同步和柔性生产方式的需求，已经转化为对5G云化工业机器人的需求。5G高速率、低时延、泛连接的特性，再加上具备无限可能性的云计算平台，让智能工厂中多台柔性机器人协作，低时延地精密同步控制机器人编队，基于大数据云平台的生产技能优化、挖掘与共享有了实现的可能性。在接下

来的部分，会专门针对这三个部分来介绍5G云化工业机器人在其中扮演的角色。

（一）多台柔性机器人协作

在工厂里，工业柔性机器人指能运用机器环境感知和定位系统，具备一定图像处理算法的、六轴以上的工业机器人。相比工厂里的六轴机器人，工业柔性机器人额外的轴允许其可以通过环境感知的结果躲避碰撞的发生，通过末端的执行器移动到特定的位置，从而更加灵活地适应不同的工作环境。

柔性制造的需求，需要工业柔性机器人可以根据不同生产加工产品的需要进行对应的调整。其需要调整的部分，不仅指的是加工工艺、加工工序的调整，还需要能保证加工后、待加工产品的性能参数也可以随着加工方式与步骤的变化而变化，符合对应生产制造时的需求，从而支持变动后快速的批量生产。除此之外，整个柔性制造加工流水线还需具备模块化和扩容的能力，并且在加工流水线中某一个工业柔性机器人出问题的时候，可以在不影响该加工流水线生产能力的前提下，快速进行故障处理。

通过工业柔性机器人在生产线上的配合，可以在提高智能工厂内自动化程度的同时，提高产品生产效率，并且提升整体生产线的容错率。而工业柔性机器人能处理更多加工场景的特性，使得柔性制造生产线可以更为集中地进行布置，并且工业柔性机器人本身的使用频率也将大大增加，产品生产所需时间也会随之减少。由于多台工业柔性机器人在生产线上的协作，一旦某一台出了故障，其他的工业柔性机器人也有能力帮其处理异常状况。

如图4–17所示，由多个工业柔性机器人组成的柔性生产线可以支持根据市场、用户实际的需求变化，调整多样化产品的生产任务。但是在传统的生产线部署上，虽然各个模块之间的衔接与设计相对比较完善，但是由于存在物理空间的网络部署限制，在实际的生产过程中难免还是会受到一些约束。而5G技术的发展提供了一种针对该物理限制的解决方案。

图4–17　多个工业柔性机器人在汽车制造上的协作

一方面，在智能工厂中柔性生产线对工业柔性机器人的灵活性、移动性、重新部署能力和完成多种类服务业务的能力有着很高的要求。而5G云化工业柔性机器人以其自身的独有特性，有助于柔性生产方式在智能工厂内部的大规模普及。5G云化工业柔性机器人的到来，解决了工业机器人的活动区域受到线束束缚的问题，同时通过与云计算平台的无线连接，由云计算平台统一管理的方式，可以在管理方有需要的时候对生产线中密切配合的多个5G云化工业柔性机器进行功能上的快速调整、更新与拓展，并且能对其进行自由移动、组合和拆分，从而更为平滑地在

不同的生产流水线上完成其对应的任务需求。

另一方面，在面对不同生产任务时，柔性生产线中不同时刻下、负责不同加工任务的柔性工业机器人对网络的需求也是不同的。比如生产某产品的时候，会存在一些对精度要求比较高的加工工序，这些工序和时延密切相关；又比如一些关键的加工任务会需要多台5G云化工业柔性机器人的紧密配合。面对不同生产任务时，柔性生产线上的5G云化工业柔性机器人会有一定的调整，所以其对应的网络、通信关系也会随之变化。而这一切，都将基于5G技术的发展得到实现。5G技术具备SDN（软件定义网络）、NFV（网络功能虚拟化）和网络切片的能力，能支持生产线根据不同的生产加工内容对各组成部分进行灵活的网络架构编排，按需提供专属的传输网络，按需调整网络资源的分配，通过带宽限制和优先级配置等方式，为不同的生产环节提供适合的网络控制功能和性能保证。

在多台工业柔性机器人协作中，5G云化工业柔性机器人通过云化的特性，与云计算平台进行大量的实时数据交互，云计算平台在收集到这些数据后，会对生产线上的5G云化工业柔性机器人进行统一的管理，加强5G云化工业柔性机器人之间的协同，完成由单个工业柔性机器人无法独立完成的任务。

多台工业柔性机器人的协作，不仅是指它们之间的协作，其中一台或多台柔性机器人和人类的协作也应该考虑进去。通过5G的低时延特性，柔性工业机器人在感知工人们的动作后，能快速响应并进行反馈，与工人配合，帮助工人们更快地完成生产与制造任务。

（二）低时延的精密同步的工业控制机器人编队

随着人们对多机器人协作研究的不断深入，多机器人的编队思考也应运而生。多机器人的编队是一种多个机器人在向目的地移动的过程中，能保持一定的集合队形，并能躲避在移动过程中遇到障碍物的控制技术。多机器人的编队是一种典型的多机器人协作系统。研究多机器人的编队对推动多机器人协同控制的优化具着促进作用。

谈到工业机器人编队，首先想到的就是智能工厂里面的无人搬运车（automated guided vehicles，AGV）。每辆无人搬运车通过环境感知传感器，可以在不需要外部引导的情况下，按照事先设置好的移动路线从起始点向目的地自动行驶。在行驶途中，如果本车的环境感知传感器在行驶路径前方检测到障碍物，无人搬运车也会采取对应的避障策略，如停车等待。通过无人搬运车的帮助，智能工厂可以实现工厂内自动快速装卸搬运货物等功能。

通过无人搬运车在智能工厂中按照设置好的路线自行行驶的方式，解决工厂货物搬运的问题，看上去是一个不错的解决方案，但是随着工厂规模的扩张，已有的无人搬运车无法承担工厂内全部的货物装卸与搬运的工作，工厂对无人搬运车的数量需求也随之增加。而如何让这么多辆无人搬运车在工厂中高效率地完成货物搬运的工作，就需要我们从如何协调整个工厂范围内资源的角度进行考虑了。最为简单、有效的一个思路，就是将大量的无人搬运车进行编队。

最为常用的编队方式，是基于领航者–跟随者的编队控制方

式。其基本思想是所有编队的搬运车都会被分为领航者和跟随者两种角色，领航者将根据预先设置好的线路自动行驶，掌控整个队伍的运动趋势，而跟随者将通过和领航者之间的相对位置跟随领航者行驶。基于领航者–跟随者的编队控制方法比较简单，容易实现。但是该编队方式比较依赖领航者，如果领航者部分出现了故障或者信息有误，则整个队伍的运作也会随之停止。

于是，有人就想：是不是在编队的时候，可以不设计专门的领航者和跟随者，而以路径本身作为基准呢？一种基于路径跟随的编队控制方式也随之产生。其基本思想是将编队控制的任务进行时间和空间的分解，得到时间上的协调同步任务和空间上的路径跟随任务，以此实现协调同步编队控制。在使用该方法的时候，需要指定一个领航者作为参考基准。基于路径跟随的编队控制方法，各机器人之间需要交互的数据量比较少，可以在通信受限的环境下进行使用。而且如果机器人本身在短时间内进入信号传输不稳定的区域，该机器人依旧可以沿着预先设定好的路径行驶。

上述两种编队方法有着其本身的优势，但是在智能工厂中，多个工业机器人在位置、速度方面及每一个工业机器人周围的危险障碍物情况，既可以基于本身的传感器及算法获得，也可以通过各个工业机器人之间或者工业机器人和云之间的信息交互获得。那么多个工业机器人是否可以尝试通过这些智能化信息的实时传输而进行编队控制？人工智能、深度学习、云计算、大数据和5G科技的发展让实现上述设想成为可能。通过对多个机器人的编队，收集队伍内以及其他队伍中每一个成员的实时状态，再

在云端的管理系统上快速整理有用的信息传送给每一个成员，进而实现基于智能化信息的实时传输编队控制的设想。

当然，多个机器人编队的方法还有很多，比如基于人工势场的编队控制方法、基于行为的编队控制方法等。根据特定的场景和特定的生产制造需要，可以选择合适的编队方法，进而促进工厂间各个工业机器人之间的协作。在考虑哪种编队方式更适用于工厂当前面对的情况时，也可以从以下几点着手分析。

（1）路径的长短。多个机器人从起始点到目标点之间所移动的平均距离与起始点和目标点之间的直线距离的比值。该数值越小，对应的编队方法越有效。

（2）队形的维持。在不同时刻运动过程中机器人处于期望位置的比例。该数值越小，在有障碍物时队形的维持度越好。

（3）允许的时间。多个机器人到达目的地及队形形成所需要的时间。

（4）避障的代价。多个机器人在运行过程中和障碍物发生碰撞的次数。碰撞次数越少，避障算法越好。

多个机器人编队的方式提高了机器人完成复杂任务时的效率，而不同的编队方式也提升了多个机器人在面对未知场景的适应性、鲁棒性和灵活性，加强了多机器人之间的协同合作，使得工业机器人可以更快地完成工厂布置的任务。人工智能、深度学习、大数据、云计算技术等的发展，为实现这一切提供了基础，而5G技术的发展打通了它们之间的通道，让这一切在工厂大范围的推广落地成为可能。

（三）基于大数据云平台的生产技能的优化、挖掘与共享模式

如第三章所述，5G有三大典型应用场景：增强型移动宽带（eMBB）、大规模机器通信（mMTC）和高可靠低时延通信（uRLLC）。增强型移动宽带主要面向大流量移动宽带业务，比如3D/超高清视频资源传输、视频直播等，具体表现为超高的数据传输速率。通过5G，我们可以像电影《头号玩家》的主角一样，轻松在线进行AR/VR游戏，峰值速度可以达到10Gb/s。mMTC主要面向大规模物联网业务，依靠5G强大的连接能力实现万物互联，小到智能家居，大到智慧工厂、智慧城市，都会在5G的支持下成为日常生活和工业生产中触手可及的存在。在智慧工厂中，大量的工业机器人通过传感器来感知周边环境、识别工作目标以保证生产顺利进行，将传感器数据通过后端网络发送到云平台，云平台根据数据信息下达指令，再传送回机器人本身的这些过程，若通过现有网络传输将存在明显延迟，易引发生产安全事故，而5G的低时延可以保证生产安全、有序地进行。

一方面，5G网络的发展在一定程度上会推动人工智能技术的发展，从而推动工业机器人自身的发展，提高生产效率及质量，促进整个工业的发展。另一方面，5G技术极大提高了数据的采集速度和传输速度，工业机器人可通过5G网络连接到云端的大数据云平台，通过大数据和人工智能技术对生产制造过程进行实时的控制、监测及维护。

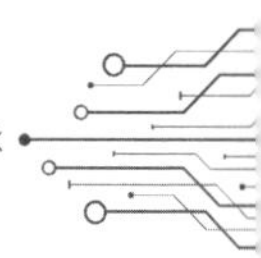

那么工业机器人和云平台是如何一起工作的呢？我们可以把云平台简单理解为可以存储和处理海量数据的远程计算机，如果你的个人电脑配置不足以支持你特别喜爱的一款大型游戏，那你的个人电脑会在你打游戏的时候出现卡顿，严重影响游戏体验和水平发挥。这时候如果你通过5G网络连接到具有极强计算处理能力的云平台，就可以使用云平台这个远程计算机来处理游戏消耗占用的资源，在不需要提高你的个人电脑配置的情况下，解决游戏卡顿的问题。由此可知，通过将工业机器人所需的数据存储和计算能力移到基于大数据的云平台上，可以大大地降低机器人本身的硬件成本和功耗。在产品的整个生命周期中，从规划设计到采购生产，从流通销售到售后服务，到最后产品的回收、处置，每一个环节都会产生海量的数据。我们将这些数据采集后传送到云平台，通过人工智能技术进行自主学习，使得云平台具备紧急判断的能力，在各种生产制作过程中对各种情况都可以给出绝佳的解决方案，应对各种生产问题。

在智能工厂中，5G网络将覆盖各个角落，通过强大的互联能力，将智能工业机器人连接在一起，相互之间可以沟通，涉及的生产制造包括加工、运输、仓储等环节的方案决策，使生产更加智能化、定制化、高效化。海量的数据是人工智能的基础，而工业机器人上多样的传感器是云平台获取数据的主要途径。除设备自身的状态信息以外，基于大数据的云平台还可以收集工厂内部关于生产环境，原材料、辅料的质量，加工过程具体情况等信息。这些也可以作为有效数据传输给云平台进行计算。这些数据可以用于产品工艺优化、设备故障预测、产品质量检测、库存原

料管理等。

可是，具体的实现方式是什么样呢？在云平台收集到来自工厂工业机器人的大量数据后，我们可以通过这些大量的数据建立一个云平台数据中心，并对云平台数据中心中的数据进行快速、专业的挖掘和处理。例如，通过某一工厂的实时数据模拟工厂的实时生产情况，辅助监控工厂内的生产制造情况，又或者及时发现某一工厂内部的某一个工业机器人出现的故障并提供对应的解决方案。在得到基于实时数据的分析结果或者可量化的解决方案时，云平台数据中心又需要将分析后的结论尽快地回传给智能工厂。智能工厂在接收到这些信息后，可以按照其建议对工厂内部进行合理化的布置，进而加强工厂内部各个工业机器人的协同工作，提高生产制造效率。其中，5G通信技术带来的实时数据传输是必不可少的。

四、5G支持下的产品全生命周期的定制化生产

改革开放以来，我国经历了城镇化和工业化加速发展时期，居民消费模式已经发生了质的变化。互联网的兴起带动了新一轮的消费升级。在这个万物互联的时代，建立以消费者为导向的思维模式对于一家企业的发展越来越重要，甚至可以说是企业生存的关键一环。在这个思维模式下，最理想的市场体系是在最恰当的时间向每个消费者提供完美的创意，以解决其痛点。然而，今天的市场体系距离实现这个终极目标还有很长的路要走。基于前文所讲述的5G的特性与关键技术，企业的定制化生产可以更好地满足消费者的需求，更进一步地贴近市场体系的终极目标。目前因投资回报率逐渐走低导致投资驱动的增长模式难以为继，国际环境的变化导致出口乏力，如何进一步促进居民消费升级、释放消费潜力成了当务之急。

（一）基于5G AR-Cloud的客户在线定制系统

每个消费者个体都有自己的偏好以及对产品的关注点和独特的审美，因此企业管理人员应将目光从媒体、渠道、受众群体转移到个性化的个人信息。海底捞（即四川海底捞餐饮股份有限公司）能成功的重要一点在于，它能针对不同的客户提供到位的个性化服务，例如：为女性客户提供美甲服务；为男性客户提供皮鞋擦拭服务；当客户配戴眼镜用餐时，服务员会及时提供一次性酒精无纺布擦拭眼镜；有儿童就餐时，会赠送儿童大礼包等。

以消费者为导向，提供个性化服务，使海底捞从众多火锅餐饮企业中脱颖而出。其在2019年中国火锅餐饮TOP20中营业额排名第一。

再说回制造业，相对很多批量化生产传统燃油车的汽车企业来说，新能源汽车企业在个性化定制生产方面为消费者考虑得更加周到，广汽新能源（即广州新能源汽车集团股份有限公司）正是这样一个可实现高度个性化定制的数字化智慧工厂。通过广汽新能源推出的用户专属App（图4–18），消费者除了可以对车身颜色、内饰颜色和座椅面料进行个性化定制外，还能对科技配置进行选择。未来，消费者甚至可以对电池容量进行定制。广汽新能源工厂作为全球领先的互动式定制工厂，让用户可通过手机

图4–18　广汽新能源车辆私人定制手机App

App实现车辆的个性化定制，其独有的“用户全流程体验”定制化生产模式，可实现大规模定制化生产，同时保证产品的品质。值得一提的是，订车用户还可以通过用户专属App观看爱车关键制造工序的在线直播，看到其走下生产线的那一瞬间。广汽新能源智慧工厂利用先进的技术，让“透明工厂”和“透明车间”变成现实。从定制生产到品质管理，再到交付，广汽新能源智慧工厂将数字化战略渗透到整个价值链中，带来的直接效果将是效率进一步提升、个性化进一步凸显。

为了更好地服务客户，为消费者提供更加便捷与直观的沉浸式产品体验，公司将前文提到的AR/VR技术应用到汽车产品定制服务上，打造5G AR-Cloud的客户在线定制系统。此系统一方面能为客户提供更加便捷的选购体验，另一方面也可以使企业更好地展示产品的特性。

以汽车制造厂商为例，AR/VR和在线视频可以广泛地应用于线上购车服务之中。基于5G的特性搭建面向智能制造工业互联网平台，可提供基于数据的智能云服务，并将可定制的车身灯具、车身颜色、车身尾翼、内饰风格、内饰用料，以及轮胎尺寸、轮辐风格、前后悬架、中高低配型等建模数据上传到云端。这一切的实现都得益于5G高速率、低时延、广连接的能力。工业企业设备、应用系统、操作人员终端等都可连接到云服务平台上，多方根据统一的标准更新云平台上的数据，从而能够实现多终端的快速更新。在用户App端，eMBB作为5G的三大应用场景之一，通过5G超高速的网络可以快速将云端数据同步到用户终端，并支持个性化的选车应用程序，与AR技术结合实现身临其

境的体验，用户可以打开车门观察车辆座椅、中控平台、主显示器等内部配置及造型，还可以进行打开大灯、转向灯、车内氛围灯等操作，充分体验所定制车辆的每一个细节并能通过与工厂实时交互实现车辆定制化改装。也就是说，客户在付款之前就能直观地体验所选购的定制化车辆的内外造型及内外饰质感。同时，通过AR技术可以进行车辆的模拟行驶，在云端读取车辆运动学模型后，实现在不同路况、天气情况、交通状况下模拟行驶，用以展示车辆的底盘性能及车辆的动态造型。至于车辆的驾乘体验及动力性能，可以前往4S店（汽车销售服务4S店）驾乘相同车型配置的实体车进行真实体验。

除了车辆展示这项应用，通过5G可以很好地跨越销售人员和客户之间的时间和空间距离，销售人员只需戴上VR头盔或者眼镜，就能同步地对客户所选购的车辆产品的特点进行远程介绍和说明，让客户能够体验到更加亲切的服务，也便于厂商推广产品。可以预见的是，无论是产品销售还是用户消费，5G都会起到颠覆性的作用，由此建立起来的多维度营销模型，也将惠及大多数人。

（二）基于大数据+物联网的智能化产品辅助设计

平时我们在使用手机App时，经常会有这样的现象：你在购物商城搜索了某款体育用品之后，系统会自动给你推送相关的体育用品；你用搜索引擎搜索了某款洗漱用品之后，网页广告也会推送相关产品的购买链接。为了更好地服务消费者，营销人员将开始更广泛地考虑他们的品牌与客户的接触点。谷歌和Facebook

很好地把握了市场动态，尤其是Facebook的定位非常好，因为整个公司都是建立在用户档案作为基本营销单元的概念上的。你在网站上的每一次点击，都被互联网公司上传到数据库。他们运用机器学习等算法深度分析用户数据，预测相关产品未来的消费趋势。互联网公司清楚，谁能控制更多的数据，谁就能在市场上获得更多的主动权。控制着最大的第三方数据库的谷歌和Facebook希望企业上传一手数据，这样谷歌和Facebook就可以将其与它们已经控制的大量第三方数据库进行聚合。

随着5G时代的到来，NB-IoT和mMTC技术会被广泛应用于物联网中，物联网将迎来巨大的机会。通过万物互联，你的每一次出行，或是在网络上的搜索，或是汽车行驶中出现的种种故障，都能被汽车厂商或是第三方企业事先感知。他们对不同的数据使用相应的人工智能算法进行模型训练，如此一来，就能第一时间感知用户的喜好变化趋势，为新产品的开发提供参考。这使得在产品设计过程中，可以充分利用大数据+物联网更及时地拿到用户及潜在用户的数据，通过大数据的建模分析、预测，以此来辅助产品的设计。

在万物互联的时代，汽车行业生态系统最大的变化来自主机厂。这对于4S店或经销商来讲，的确是革命性的变革，将会出现基于AR/VR的新车型的销售推广、到店客户信息的实时推送、客户车辆维修的实时监控等新的服务与营销方式，但是在万物互联的时代对大数据的有效利用才能体现这个时代的最大价值。只有主机厂才能将产业上下游数据进行充分的整合与利用。传统的用户研究人员可能会变成一个数据专家，传统的主机厂则会变成一

个数据中心。产品企划人员可以从共享的数据库中获取客户与行业的大数据，用机器学习等算法进行处理，系统自动进行分析和评估，给新产品开发与升级提供合理的建议。产品经理不用再去研究那些烦琐的车辆参数，就能制定出最合理的产品开发或升级方案。

随着生活水平的提高，人们对出行的要求出现了新的变化。如今，人们需要的不仅是车辆的代步性质，还包括驾驶的可操控性和驾驶的舒适体验，甚至是车舱内环境的健康指数。汽车制造不再只是关注单一的车辆性能与燃油经济性的平衡，而是演变成以驾乘人员感受为中心的出行体验的管理过程。这就意味着承载着客户出行与生活行为的物联网的构建对于实现这一目标起着关键性的作用。5G的到来使得物联网生态系统为这个目标的实现提供了可能。从大的方面来讲，这个生态系统至少可包含数十亿个能耗低、比特率低的可穿戴设备、家居设备、临时可穿戴设备和远程传感器。产品经理或是主机厂管理人员依据这些仪器实时提供的客户消费水平、出行方式等数据，能够有效地获取和评估每个消费群体时下最关注的汽车特性。这些数据也可以用来预测分析，使得主机厂可以快速检测出潜在消费群体，从而让产品的开发更具有方向性，并大大降低产品开发前期所投入的时间与金钱成本。

随着互联网的发展，不少车型的行驶数据等信息会被不断上传到厂家的云服务器，技术也转向了更高级的物联网和云计算。例如，通过轮速里程传感器设备进行出行里程数的收集；通过物联网，厂家可以对某消费群体的出行里程变化趋势进行预测，以

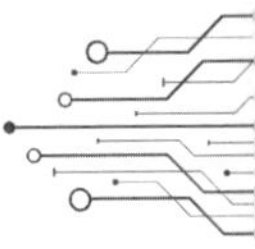

及对车辆事故率进行评估，以此为基础来对新车型的设计或车型的升级提供数据支撑。随着5G时代的来临，用户信息的采集功能将变得更加强大。物联网设备可以不断收集客户的特定数据，快速处理、分析和返回信息，并向特定的客户推送定制的广告。这将使得厂家大幅度减少广告的推广成本，并且能根据动态更新的信息设计出更符合消费者需求的产品。

当然，这只是一个开始。5G时代对于用户信息的采集更便捷。在产品策划领域，时间的及时性和资料的全面性十分重要，5G网络能够提供的就是更多、更全的用户数据的实时传输。物联网（IoT）生态系统的设备和传感器能帮助人们在采集所有能得到的用户信息之后，面向不同消费群体制订不同的开发计划。不只是本品牌产品的消费客户，潜在的消费客户也在物联网中被云平台运行的模型识别出，实时反馈给产品开发的管理层，适时调整产品开发的计划。

（三）基于超柔性制造的小规模定制化生产

基于5G AR-Cloud的客户在线定制系统与基于大数据+物联网的智能化产品辅助设计，制造商可以以更敏捷的反应速度针对用户的需求设计出相应的产品。从制造商的角度来说，产品经研发、测试，准备上市时，需要先通过第三方途径（比如电视广告、网络推文、海报宣传）让大众知道该产品，再提供一套销售体系。汽车制造商的传统销售方式一般是布点，包括各一线城市、4S店所在城市。这种销售方法至今仍在使用，但该方法存在一个明显的弊端：由于缺乏大数据反馈，生产商其

实并不太清楚自己的宣传效果如何，所以只好不断布点，力求覆盖更多的区域，但事实是并不总是能覆盖到所有区域。所以在大规模批量制造之前，为评估产品在市场上的接受程度与受欢迎程度，同时避免产品的质量问题或设计缺陷，我们可以进行小批量的产品试制，并提供给客户进行试体验。基于这种需求，对于制造厂商来说，柔性化制造的小规模定制化生产是必不可少的环节。

再说回广汽新能源智慧工厂，在“智造”方面，智慧工厂拥有国内首创的钢铝车身共线的总拼生产线，生产效率业内最高，可实现1分钟内6款车型自动柔性切换；生产全工序采用数字化仿真及虚拟调试技术，将现场调试时间缩短至35%；智能生态定位体现在工厂的智能物流、智能协同生产装备、3D视觉引导技术、智能化全自动合装技术等方面，是一条“聪明”的生产线。此外，智慧工厂还采用直线七轴机器人连续生产模式，相对传统模式，冲压设备无须在上限位停机等待，削减98%电机制动、启动时间，起到节能的作用。工厂建设充分贯彻“工业4.0”理念，具有生产自动化、信息数字化、管理智能化、智造生态化四大特征。其中，生产自动化，是指汇聚行业领先的自动化生产工艺，底盘合装、风窗玻璃、座椅均实现了100%自动化安装，全线覆盖自主识别、传感、人机交互等信息设备，生产更简单、更高效、更精准；信息数字化，是指以物联网先进技术为依托，全面实现生产车间管理要素、车型同步开发和企业管理层等多个方面的信息“数字化”，打造一座全面可视化和可追溯的高效“透明工厂”；管理智能化，是指以业内首例“智慧制造执行系统”

（iMES）作为大脑，贯彻“关键工序设备智能化”“物流设备智能化”与“管理辅助决策智能化”；智造生态化，是指通过设备技术升级、多项节水环保工艺、使用清洁能源等，大幅降低烟尘、废水、废气排放，打造更节能、更生态的工厂，切实履行社会责任。广汽新能源智慧工厂在工艺技术方面不断寻求突破，以业内首例“智慧制造执行系统”作为大脑，贯彻“关键工序设备智能化”“物流设备智能化”与“管理辅助决策智能化”，全面实现了“管理智能化”，还能不断迭代更新。

广汽新能源智慧工厂已经达到世界领先水平，若是能够充分利用5G技术特性，打通生产线上执行器与控制器、执行器与执行器之间的物联网，工厂将不再需要复杂的线缆进行数据传输，各系统可直接进行无线传输、无线控制。线缆消失后，其购买和维护成本便都降低了，由线缆引起的安全隐患也将极大减少。除此之外，工厂实现设备远程同步操作、设备海量连接等愿景，基于大数据平台，提供设备的全生命周期管理，实现设备的远程操作和维护，打通供应链数据流，供应链上下游协同优化。同时传感设备带来数据监控、高清摄像/照相在流程管理/厂区安防的使用、场内AGV无线云化控制、资产管理与追踪等应用都得到了进一步的加强，5G技术应用下的“智能制造”可以帮助企业降本增效，同时也是一个可以让企业重新思考价值定位和重构商业模式的契机。

如图4–19所示，基于5G技术，可以实现信息基础设施高度互联，搭建工业级的实时系统，打造更加柔性化的智能工厂，并控制成本的飙升。随着线缆的消失，制约机器人移动的“绳索”

消失了，利用高可靠性网络的连续覆盖，机器人可以装上轮子（或其他装置）随心所欲地在工厂里移动，按需到达各个地点，这将给工厂的生产模式带来极大的想象空间。在当下愈发强调柔性制造的时刻，一条能灵活调整各设备位置、灵活分配任务的柔性生产线将成为生产者的新“神器”。5G的超高速传输极大地方便了信息的检测和管理，如此一来，各部件之间的“感知”更加精准和迅速，智慧化程度也会大大提高。传统工业制造生产的管理长期受到机械思维模式的影响，缺乏灵活性和可变性，导致生产管理十分刚化，而“工业4.0”的概念，主打柔性生产。柔性将是未来工业加工和制造业生产的核心竞争力。与传统的螺钉式的生产流水线不同，柔性制造致力于加工制造的灵活性、可

图4-19　广汽新能源自主研发的多车型柔性切换焊装系统

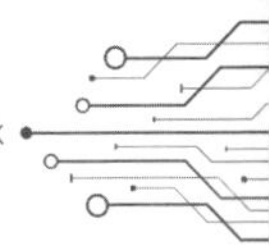

调节性和可变动性，以生产效率最大化为最终目的，进行资源的优化配置，将最大限度降低成本、提高利润落实到各个环节。出于传统生产的转型需要，各个国家现在对这方面的人才尤其是专业管理人才的需求十分迫切。因此，许多顶尖高校也陆续设置相应的新兴交叉学科，比如工业工程，大力培养这方面的人才。灵活性和可扩展性是5G网络的关键特征。这种网络不需要依靠手工管理，而需要一种全自动网络管理技术，如自我诊断、自我修复、自动配置、自我优化和自动安装/即插即用，这是实现高效网络操作和提供动态服务组合的基础。随着自动化网络管理技术的进步，管理将变得更加灵活，适应性更强。这种管理需要新的工具，特别是5G网络应该考虑AI和自动学习技术，这将更加有利于生产线的柔性化制造。5G利用其自身无可比拟的独特优势，助力柔性化生产的大规模普及。

针对整车制造工厂来说，搭建5G物联网云平台可以分为三层，边缘连接层、基础设施层和应用服务层。其中，边缘连接层主要负责收集数据并将数据传输到云端；基础设施层主要提供基于全球范围的安全的云基础架构，满足日常的工业工作负载和监督的需求；应用服务层主要负责提供工业终端设备和各种服务交互的框架，主要提供创建、测试、运行工业互联网程序的环境和终端设备，可以实现设备、系统和控制器之间的协作。这使得生产线可以通过云平台将各类数据按照统一的标准进行规范化梳理，并提供随时调取和分析的服务。凭借基于5G的工业云平台，整车生产线可以实现生产过程全记录、无线智慧定位、数据整体呈现（产能/良品率/物料损耗等）等。例如，

整车的制造过程可以实现设备能耗实时监控。通过此平台可实现设备实时监控和故障反馈服务，以及设备运行数据可视化管理，满足高等级的车间安全标准。平台参考设备生命周期模型分析参数后确定最佳安全维护周期，并对危险系数较高的设备提供实时预警服务。

五、5G助力智能化的资源配置

“4G改变生活，5G改变社会。”作为新一轮移动通信技术发展方向，5G 把人与人的连接拓展到万物互联，也为仓储管理、物流供应等智能制造关键环节带来了更优的无线解决方案，提高了行业的智能化水平。

（一）5G助力智能化仓储管理

立体仓库采用计算机进行控制管理，具有空间利用率高、出入库能力强等特点，有助于企业实施现代化管理，因而越来越受到企业的重视。随着科学技术、信息技术、自动化生产技术的迅速发展，生产中所需原材料、半成品、成品及流通环节中的各种物料的搬运、储存、配送及相应的信息已经不是一个孤立的事件。传统智能立体仓库包含仓储控制系统（WCS）、仓库管理系统（WMS），仓储信息需回传给计算机控制管理软件进行分析处理。但由于 4G 网络的传输速率过慢及时延较高，传统仓储管理无法做到及时盘库和自动补货。

智能化仓储管理基于海量网络、即时通信及低时延、高可靠等技术，对物料信息进行实时追踪，可实现连续补货。通过指导式的方式协调各部分之间的关系，促进立体仓库高效流转，满足新型柔性制造需求。5G功能特色及优势在于降低了传统的智能立体仓库的时延，提升了智能立体仓库的运算能力，实现了仓储系统的自我运转。当智能立体仓库监测到库位信息后，在边缘端

分析生产线中物料的运转情况，利用 5G 的特性极速盘库，得出生产线需求及库存信息，同时，智能立体仓库自行发送取货及补货指令给运输装置，即实现了立体仓库端到生产线端及运输设备端的信息互通，整体优化了仓储系统，提高了企业生产效益和现代化管理水平。

（二）5G助力智能化物流供应

1. 基于5G的智能化物流供应

近年来，在经济全球化和电子商务的双重推动下，传统物流正在向现代物流迅速转型并成为未来的发展趋势，智能化物流成为推动现代物流转型、升级的关键因素。目前，物流企业对智能化物流的需求主要包括物流数据、物流云、物流设备三大领域。随着 5G技术的推广和应用，国内物流行业将迎来新的发展机遇。智能化物流市场前景广阔，而物流作为 5G产业链上不可分离的重要部分，将会因为 5G的产生发生巨大变革，所以，5G对于物流来说，价值不言而喻。根据目前多家企业的探索，可以看到，5G将从几个方面使传统物流业发生变革。

在 RFID、EDI 等技术的应用下，智能化物流供应的发展几乎解决了传统物流仓储的种种难题。但现阶段 AGV 调度往往采用Wi-Fi通信方式，存在着易受干扰、切换和覆盖能力不足的问题。4G 网络已经难以支撑智慧物流信息化建设，如何高效、快速地利用数据库协调物流供应链的各个环节，从而让整个物流供应链体系低成本且高效地运作是制造业面临的难题。5G的高速率特点，有利于参数估计，可以为高精度测距提供支持，实现

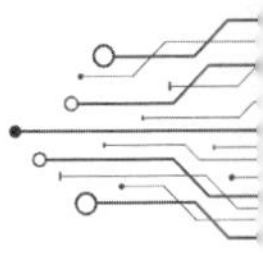

精准定位。5G网络低时延的特点，可以使物流各个环节都能够更加快速、直观、准确地获取相关数据，物流运输、商品装捡等数据能更为迅捷地到达用户端、管理端以及作业端。5G广连接的特性还可以实现在同一工段、同一时间点由更多的 AGV 协同作业。

基于5G的智能化物流着重体现设备自决策、资源自管理及路径自规划，实现按需分配资源。通过5G低时延的网络传输技术建立设备到设备（D2D）的实时通信，并利用5G中的网络切片技术完善高时效、低能耗的资源分配，最终实现智能工厂中AGV的智能调度和多机协同，让生产过程中与物料流转相关的信息更迅捷地到达设备端、生产端、管理端，让端到端无缝对接。

一套工装智能配送系统包括AGV设备（集成叉车功能）、扫码与工卡识别设备、手持终端呼叫设备、调度系统、与工装管理系统信息交互的设备、自动充电桩等。在手持终端呼叫设备上将工装信息发送至调度系统，调度系统通过工人发出的指令得到工人的工位信息、工人的身份信息和物料的信息等，然后指派适宜的AGV至库料区，AGV上需安装RFID识别器，根据调度系统给出的指令，对于物料进行自动识别和转运。将物料从库区或立体车库转运到工位，AGV自主规划最优路径到达目的地，利用5G传输图像通过深度学习平台进行实时避障，还需实现自动开关车间升降门；到达工位后，工人通过员工卡或其他扫码设备完成物料登记后方可提取；完毕后，AGV再根据调度系统指令，继续进行配送或在指定区域休息（自动充电），无须人员干涉分配。这就是基于 5G 的智能化物流供应。

2. 基于5G信息流的全供应链管理

当前制造产业正面临成本优势向技术优势转型的压力，不断地开发出技术含量高、具有自主知识产权的新产品，已成为制造业产业链的竞争焦点。传统的产品研制通常是采用按顺序作业的工程方法，企业的设计、工艺、检验、制造都是相互独立的活动，组织和管理也是如此。设计人员往往无法考虑制造工艺方面的问题，造成设计与工艺制造环节的脱节，同时产品质量也无法保证。5G通信系统凭借高速率、低时延、广连接的网络，能实现多路的高清视频回传以及实时的数据分析反馈，同时5G的安全性与稳定性也是在原有4G网络基础上得到了进一步优化，可以满足大部分对工厂信息安全有较高要求的客户。VR技术将辅助工业设计，使多个远程工作人员进入同一个虚拟场景中协同设计产品。

现代供应链是一个由供应商、制造商、分销商、客户组成的整体的功能复杂的网链结构，支撑整体链状结构的输入点仅来自客户购买供应链运作所生产产品时支付的报酬，如何对供应链进行管理和减少供应链中的运作成本是供应链的研究重点。研究结果表明，在供应链运作过程中，各级节点都在扩大供需信息以规避风险，使需求信息出现了越来越多的波动。利用大数据对供应链中已有的数据进行整合，可以有效降低供应链中存在的大量高额库存。具体的供应链协同数据管理模型如图4-20所示（摘自《5G技术在供应链协同库存管理数据采集中的应用》）。

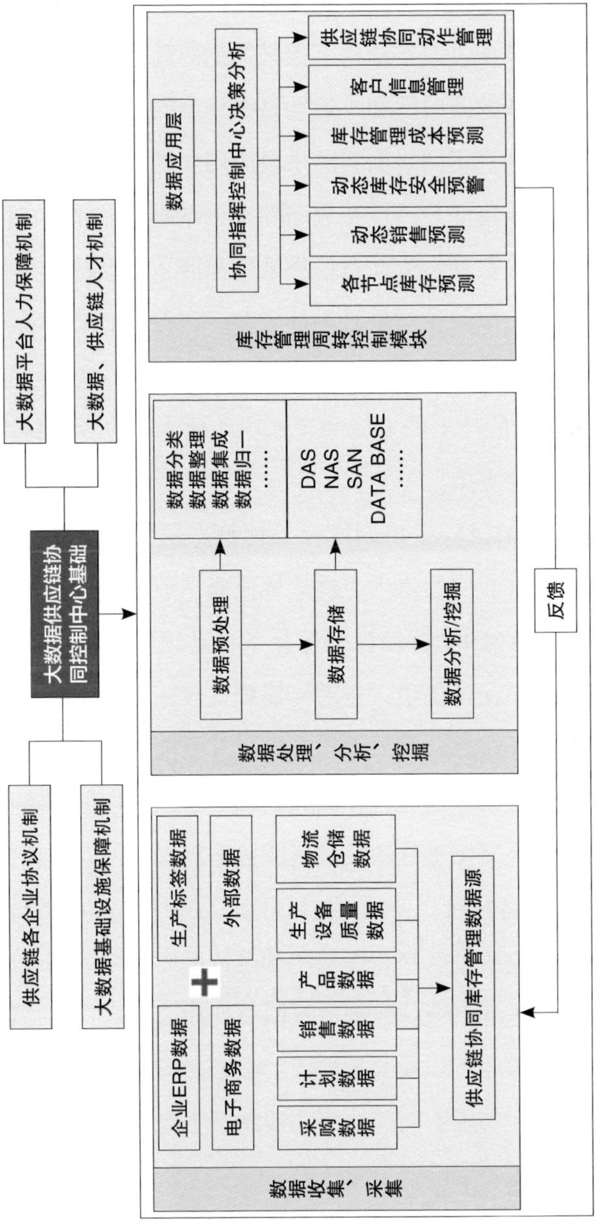

供应链各企业协议机制
大数据基础设施保障机制
大数据平台人力保障机制
大数据、供应链人才机制
大数据供应链协同控制中心基础

数据收集、采集
企业ERP数据
电子商务数据
生产标签数据
外部数据
采购数据
计划数据
销售数据
产品数据
生产设备质量数据
物流仓储数据
供应链协同库存管理数据源

数据处理、分析、挖掘
数据预处理
数据存储
数据分析/挖掘
数据分类
数据整理
数据集成
数据归一
……
DAS
NAS
SAN
DATA BASE
……

库存管理周转控制模块
数据应用层
协同指挥控制中心决策分析
各节点库存预测
动态销售预测
动态库存安全预警
库存管理成本预测
客户信息管理
供应链协同动作管理

反馈

图4-20　大数据背景下供应链协同库存管理模型

模型中最为重要的一点在于保证数据的连通性和传递的有效性，模型的组织架构可以在结构上保证数据的及时性和一致性，如何确保信息获取的及时性和一致性是该模型的关键考虑因素，以及移动互联网和真实网络面临的主要应用场景、业务需求和挑战。人们对信息收集的及时性和流动性寄予厚望。因此，在供应链发展的过程中，实现物流动态信息采集和商品信息网络共享是一项紧迫的任务。当前的信息收集技术在一定程度上增强了连通性和移动性，但在满足日益增长的个性化需求方面，还存在很大差距。5G 移动通信技术的发展和正式商业化的推进，为解决这一问题提供了技术支持。

基于5G技术的供应链协同库存管理信息采集系统具有以下功能：①自动识别。例如将供应链运转流通、中转、加工产品过程中的数据通过RFID和自动识别等技术自动识别。②自动存储和传输。信息存储在设备中，自动传输到供应链协同库存管理数据库中。③现场操作。通过移动终端设备现场读取和设置参数，远程读取和控制终端数据进行存储和回收。④保护数据。防止在数据异常或者出现突发事件的时候造成数据损失，可以做到数据实时备份。⑤正确判断。使用5G云智能以及供应链协同管理系统创建的智能供应链可以判断终端的错误数据或偏离数据，显示误差，并将偏离正常系统的数据进行归类处理，智能判断是否属于有效数据和异常分析。⑥测量参数。根据现场情况或者实际需要设置输入参数，实现不同的监测和控制。⑦自我检测。具备远程控制终端自检和通信检测功能。

该系统可以分为四层，即数据收集层、网络传输层、数据存

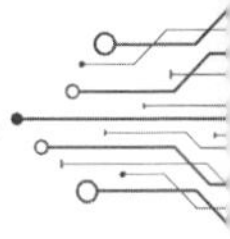

储层和数据应用层，具体应用框架如图4-21所示（摘自《5G技术在供应链协同库存管理数据采集中的应用》）。

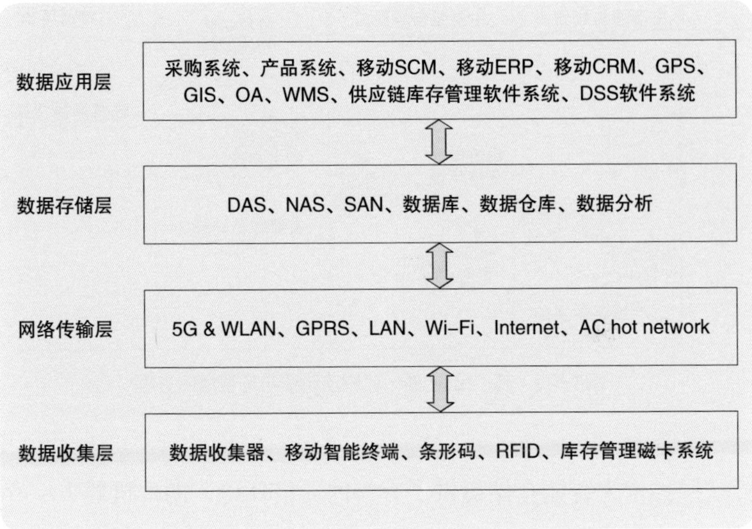

图4-21　基于5G 技术的供应链协同库存管理信息采集系统框架

3. 基于5G网络的现代物流应用场景

根据圆通研究院发布的《5G网络技术在新一代物流行业中的应用》，5G在各物流场景中的应用将分为四个阶段实现，如图4-22所示（摘自《5G网络技术在新一代物流行业中的应用》）。

第一阶段：基于5G的高速率特点，主要服务场景为eMBB，具体应用包括增强现实的物流应用、物流数据计算平台以及区块链物流安全平台等。第二阶段：基于5G广连接、海量接入的特点，主要服务场景为mMTC（广连接物联网），具体应用包括物流智能能源供给、物流智能仓储、工业级物流监控等。5G作为

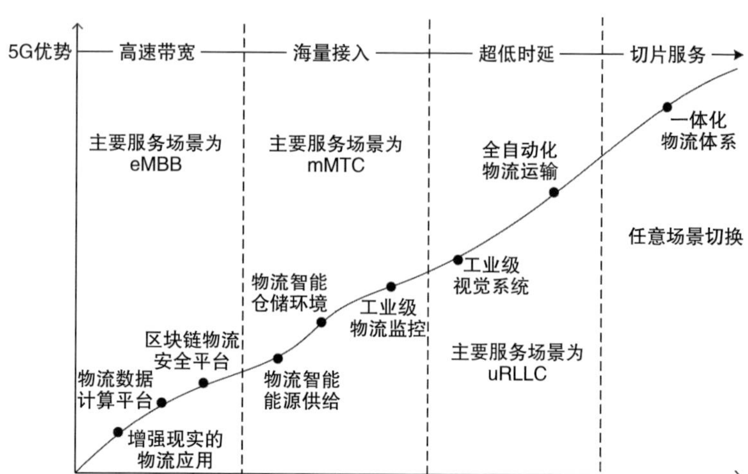

图4-22 基于5G的新一代物流阶段与场景演绎进程

传输层技术为智能仓储提供了有力的通信环境，助推机器人、穿梭车、可穿戴设备、分拣设备、AGV等的使用，提高作业效率，保障作业安全。第三阶段：基于5G超低时延的特点，主要服务场景为uRLLC，主要服务场景包括工业级视觉系统、全自动化物流运输。其中，全自动化物流运输包括物流货车自动化驾驶、物流车队编队行驶、无人机快递系统以及远程物流节点控制等。第四阶段：在5G切片技术支撑下，5G进入全面推广阶段，各种业务场景能够以切片形式融入一体化的物流体系。

在运输和配送环节，5G的出现可加快实现自动化运输、无人驾驶等智能化场景在物流领域的应用，可以降低运输、配送环节的人力成本，同时提升运输效率；在仓储环节，5G可以实现智能化仓储管理，针对货物进行高效智能分拣，提升效率，还可以针对不同的货物智能定制仓储环境，保证货物质量；在包装、

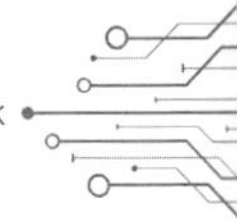

搬运环节，在5G的加持下，机器人之间将实现互联，智能机器人的出现可以极大地提升工作效率，并将货损率降到最低；至于物流信息，5G的快速网络可以使物流的整个运转过程实现可视化监控、实时跟踪，实现物流信息高效化管理。

六、5G助力供应链上下游协同优化设计

（一）基于5G的供应链上下游协同优化设计

5G低时延、高可靠等特性，有助于打破企业“信息孤岛”的局面，使上下游供应商互联互通，探索以供应链优化为核心的网络协同制造模式。

基于5G的产品协同设计以数字化设计制造为基础，构建设计、工艺和制造相互协同的生产模式。利用AR/VR技术，可以将所有模块AR/VR化，最终组合起来形成整个设备的总控。由计算机提供强大的建模和仿真环境，使产品的零部件从设计到工艺到生产及装配过程各环节的内容都在计算机上仿真实现，进行优化或系统设计，使产品研发的信息贯穿各环节充分共享。复杂设备或者高端设备制造，需要许多供应商参与，最后进行整合。使用的材料及材质的强度，都可以通过虚拟样机进行认证或者模拟仿真，对研发效率的提高和研发成本的节约有极大帮助。产品协同设计将改变传统的设计研发模式，以数字样机为核心，实现单一数据源的协同设计并行工作模式，保证设计和制造流程中数据的唯一性。

（二）5G+协同优化设计典型应用——半导体装备

半导体行业有着复杂的产业链，从上游到下游，依次有材料和设备、芯片设计、芯片制造、芯片产品封测等行业。芯片的实

际制造过程，尽管会因为不同的材料和工艺而有所差异，但大体上会用到类似的工艺过程，比如光刻机和蚀刻机。以半导体蚀刻设备为例，刻蚀作为半导体制造工艺，是微电子IC（integrated circuit）制造工艺以及微纳制造工艺中相当重要的一个步骤，是与光刻相联系的图形化处理的一种主要工艺。半导体蚀刻设备的设计研发、生产制造，同样涉及复杂的产业链。因此，基于云平台的半导体蚀刻设备跨区域协同设计、外协加工过程的质量控制、产品总装的智能化生产、产品售后的智能化运维均对网络提出了较高的要求。

某公司通过建设基于5G技术的全球泛半导体设备研发、制造、运维的全生命周期平台，以5G的先进技术为核心构建工业互联网平台，借助5G高速率、低时延、广连接的特点打造泛半导体行业的工业级应用场景，比如：借助5G高速率的特性，AR/VR赋能半导体行业，通过数字信息来可视化、指导、引导和改进与实体设备进行交互的方式，有助于重新构建从产品设计、生产制造到运维的服务模式。

在基于5G的半导体设备研发仿真协同上，此应用采用5G网络承载设备的反应腔、自动执行机构、电气系统、气体系统等子模块异地协同设计与仿真输出的2D图纸、3D模型、数值分析模型等数据的传输，建立包括芯片设计商、芯片封装商、芯片测试商、晶圆加工商、核心设备制造商、核心模块协作商、关键零部件厂商、ODM/OEM厂商产业链的协作平台，提高产品迭代的质量以及研发效率，如图4–23所示。

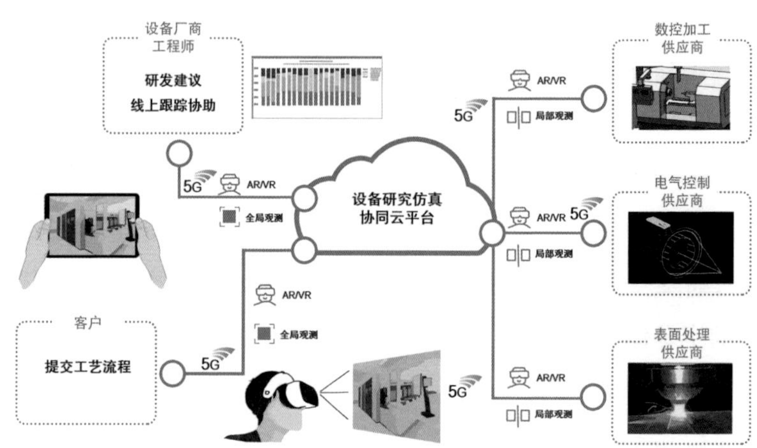

图4-23　基于5G的半导体制造设备网络化协同研发架构

在基于5G的半导体设备行业生产制造协同上，平台构建基于工序级生产协同平台，同现有的生产系统无缝集成，实现智能化生产、网络化协同、个性化定制、服务化延伸。通过5G+机器视觉实现质量监控，通过AR技术实现对现场工人的远程技术指导，提高工作效率。

5G技术如同催化剂，给智能制造的各个环节都带来了全面升级。同时，5G+智能制造的应用还处于探索和初步应用阶段，还需要一段时间去完善和全面推广。

结　语

5G无线技术在人类历史上首次打破了虚拟和现实的屏障，缩短了时间与空间的距离，让整个世界从物理上与逻辑上紧密地连接成一个整体，并通过各种智能化、信息化的手段将“智能”赋予整体中的每一个设备、每一个个体，使得每个个体变得更加强大。设备与个体之间的连接更加紧密，让整个系统积累了足够的复杂度。当整个系统的复杂度超过一个界限时，由量变引起质变，整个社会化大生产体系会成为一个复杂的共生经济体，具备一些只有生物体才能够具备的特点，产生一些新的商业模式。一些原来只能够存在于科幻或者神话中的想象，得以在现实中呈现，并且创造更多的社会价值。

5G+智能制造，将使社会变成一个真正有机的生命体。通过5G无线网络技术的高速、泛在、万物互联，人类社会生活与生产中的方方面面、万事万物都能够通过5G无线连接技术接入网络中，并汇总到一个个智能化的节点当中，这些网络与智能节点就像神经系统一样，将人类社会连接成一个有机的整体，实现类似生命体一样的生理反应、心理反应、智慧活动，成为一种超脱人类的更加高级的生命形态。

5G+智能制造，将使工业式的制造模式变成农业式的生态培育模式。结合了5G无线技术的智能制造体系，将具备高度的自组织能力、快速的应激反应能力以及灵活的变化能力，智慧工厂将成为由一个个生产模块细胞所组成的器官，如同生物体一样感

知整个社会大生产环境的变化，不断地调整自身，以适应整个社会的环境。未来社会对于工业生产的治理，将形成一套统一而完善的体系，正如同中国传统文化中的“天人合一”，以一种类似生态培育的方式自发而迅速地找到其最优的发展模式，在快速适应环境的过程中影响环境，创造更好的世界。

5G+智能制造，将使人们能够真正美梦成真，模糊虚拟与现实的边界。随着5G与虚拟现实技术的结合，网络带宽与运算能力趋于无限大的时候，现实世界就能够完整地反映在电脑网络的虚拟世界中。随着智能制造能力的不断增强，虚拟世界中的各种概念也能够以更快、更好的方式在现实世界中被制造出来。人们在虚拟世界中想象出来的各种事物，都有可能借由智能制造而变成现实中真实存在的东西。而最新的虚拟现实技术，能够让人类在感官上体验到极致的真实，或许到那个时候，庄周梦蝶的哲学思辨将变得不再重要了，你是谁，将真正地取决于你对自我的认知。

5G+智能制造，将使人类向两个方向分化，即功能特异化而注重协作的器官型人口和强大而独立的大脑型人口，设备将真正地成为人的肢体的延伸。由于人类已经无须分辨虚拟与现实，人类的意识才是一个人最核心所在，意识的分化在所难免，部分沉迷于网络信息洪流的人们，将变得更加为外界所影响，可能失去自我的独立意识，变成类似于器官一样的从属意识节点；只有具备强大意志与坚定信念的那部分人，才能够驾驭日渐强大的信息，并通过外脑的辅助，成为独立而强大的信息处理核心，影响着整个社会的发展。

5G+智能制造，将模糊生命与非生命之间的界限。由于5G与智能制造的快速发展，未来的人工智能将获得更强的运算资源，海量的学习数据，以及更加优化的处理算法，最终将超越某个智慧奇点，类似宇宙大爆炸一样，让人工智能诞生自我意识；而人类由于连接带宽的增加，意识与外部设备之间的联系增强，也将可能视某个设备为自身的一部分。在那个时候，肉体与意识，到底什么才是生命的本质？

5G+智能制造，将极大地提升人们的想象力与创造力，让人人都能够成为造物主。随着5G与智能制造对人类的生产能力的影响不断提升，以及人类自身意识对现实世界依赖的减少，人类对于物质条件的追求将会大大降低，而对于精神世界的追求会更加迫切。所以，一成不变的制度化的产品将不再具有吸引力，想象力与创造力所凝结成的智慧结晶才是未来最有价值的产品，具备创造能力的人们将成为真正的造物主，人才与智力将成为未来最重要的资源。

5G+智能制造，将使未来的国与国之间的比较，变成系统与系统之间的比较。由于5G与智能制造已经将一个社会打造成了一个有机的整体，所以未来国家与国家之间比拼的将不再是军事、经济、政治实力，而是整个系统的方方面面。在这样一个由5G通信技术为神经网络所连接成的庞然大物的身上，凝结了一个国家或者地区所积累的一切，不管是历史文化、社会制度，还是思想结晶、人的禀赋，都将在网络空间超高维度的连接中展露无遗。所以为了能够在未来世界的国与国之间的较量中抢占先机，我们需要在当前的5G与智能制造的技术浪潮中把握时机，

奋勇向前。

现在，人类已经来到了一个前所未有的十字路口，在这个十字路口面前，我们面临着前所未有的机遇，也面临着前所未有的挑战。随着技术的发展，少部分人能够掌握技术的原理，驾驭技术的浪潮，在未来乘风破浪、所向披靡，成为技术的引领者；大部分人将随着技术的发展，享受技术的红利，推动技术的进步，成为未来社会进步的坚实基础；还有一部分人由于种种原因，错过了技术进步的大潮，或者抗拒技术的发展，最终可能沦为“旧时代的遗民”，面临着被社会淘汰的风险。

5G与智能制造正是当前技术浪潮爆发之前的一波浪头，同时也是未来技术发展的基础。在这样的一波浪潮到来之时，我们每个人都应该用开放的心态、积极的态度，投身到这一波技术大潮当中，并努力掌握技术的原理与发展趋势，在新时代的技术变革中勇争潮头，成为新时代的弄潮儿。

参考文献

方汝仪，2017．5G 移动通信网络关键技术及分析［J］．信息技术（1）：142-145．

工业和信息化部，财政部，2016．智能制造发展规划2016—2020［EB/OL］．http：//www.miit.gov.cn/n1146295/n1652858/n1652930/n3757018/c5406111/content.html．

工业互联网产业联盟，（2019-05-07）［2020-03-15］．工业互联网平台白皮书［EB/OL］．http：//www.miit.gov.cn/n973401/n5993937/n5993968/c6002326/content.html．

胡金泉，2017．5G系统的关键技术及其国内外发展现状［J］．电信快报（1）：10-14．

华为，（2019-02-26）［2020-03-15］．5G时代十大应用场景白皮书［EB/OL］．https://www-file.huawei.com/-/media/corporate/pdf/mbb/5g-unlocks-a-world-of-opportunities-cn.pdf?la=zh&source=corp_comm．

刘旭，费强，白昱，等，2019．超密集组网综述［J］．电信技术（1）：18-20．

前瞻产业研究院，（2019-11-28）［2020-03-31］．2019年全球传感器行业市场现状及发展前景分析预测2024年市场规模将突破3000亿［EB/OL］．https：//bg.qianzhan.com/trends/detail/506/191128-4d16c3e8.html．

搜狐，（2018-10-11）［2020-03-31］．智能制造的现状与

未来！［EB/OL］. http://www.sohu.com/a/258887285_99902166.

项立刚，2019. 5G时代［M］. 北京：中国人民大学出版社.

新能源汽车网，（2018-12-24）［2020-03-31］. 广汽新能源智能生态工厂正式竣工［EB/OL］. http://newenergy.automarket.net.cn/file/cyc/201812/3_3_1_61957_1.html.

尤肖虎，潘志文，高西奇，等，2014. 5G移动通信发展趋势与若干关键技术［J］. 中国科学（信息科学），44（5）：551-563.

赵国锋，陈婧，韩远兵，等，2015. 5G 移动通信网络关键技术综述［J］. 重庆邮电大学学报：自然科学版，27（4）：441-452.

中国饭店协会，（2019-08-26）［2020-03-15］. 2019中国餐饮业年度报告［EB/OL］. https://www.vzkoo.com/doc/4562.html?a=4.

CSDN，（2009-02-19）［2020-03-31］. PLM系统的选择［EB/OL］. https://blog.csdn.net/oscar999/article/details/3908519.

ROBODK博客，（2018-01-11）［2020-03-31］. 给工业机器人编程，最有效的办法是什么？［EB/OL］. https://robodk.com/cn/blog/%E6%9C%89%E6%95%88%E6%9C%BA%E5%99%A8%E4%BA%BA%E7%BC%96%E7%A8%8B/.

S^2微沙龙，2017. 大话5G走进万物互联新时代［M］. 北京：机械工业出版社，11.

SDNLAB，（2019-07-25）［2020-03-31］. 网络切片

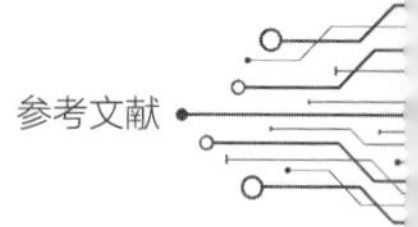

“火锅论”：同一口锅，不同的梦想［EB/OL］. https：//www.sdnlab.com/23417.html.

TECHECONOMY，（2018-10-02）［2020-03-31］. All Categories Home Devices Experience Double-Digit Growth［EB/OL］. https：//techeconomy.ng/2018/10/all-categories-of-smart-home-devices-experience-double-digit-growth-10494/.

后记

5G是一场技术的革命性飞跃，为万物互联提供了重要的技术支撑，将带来移动互联网、产业互联网的繁荣，为众多行业提供前所未有的机遇，有望引发整个社会的深刻变革。什么是5G呢？5G将如何赋能各个行业，并促进新一轮的产业革命？这些都可以从“5G的世界”这套丛书中寻找到答案。本套丛书首期包括5个分册。

《5G的世界　万物互联》分册由华南理工大学广东省毫米波与太赫兹重点实验室主任薛泉主编，主要阐述移动通信技术迭代发展的历史、前四代移动通信技术的特点和局限性、5G的技术特点及其可能的行业应用前景，以及5G之后移动通信技术的发展趋势等。阅读此分册，读者可以领略一幅编者精心描摹的有关5G的前世今生及未来应用图景。

《5G的世界　智能制造》分册由广州汽车集团股份有限公司汽车工程研究院的郭继舜博士主编，主要介绍工业革命的发展历程、5G给制造业带来的契机、5G助力智能制造的升级，以及基于5G的智能化生产应用等。在这一分册里，读者可以了解5G+智能制造为传统制造业转型带来的机遇，体会制造创新将会给社会带来一场怎样的革命。

《5G的世界　智慧医疗》分册由南方医科大学黄文华、林海滨主编，主要聚焦5G与医疗融合的效应，内容包括智慧医疗与传统医疗相比所具备的优势、5G如何促进智慧医疗发展，以及融入5G的智慧医疗终端和新型医疗应用等。从字里行间，读者可以全面了解5G技术在医疗行业中的巨大应用潜力，切身感受科技进步为人类健康带来的福祉。

《5G的世界　智慧交通》分册由广州瀚信通信科技股份有限公司徐志强主编，主要阐述智慧交通的发展历程、智慧交通中所运用的5G关键技术和架构，以及基于5G的智慧交通应用实例等。阅读此分册，读者可以充分了解5G技术将引领的未来交通智能化的发展趋势。

《5G的世界　智能家居》分册由创维集团有限公司吴伟主编，主要阐述智能家居的演进、5G助力家居生活智能化发展的关键技术，以及基于5G技术的智能家居创新产品等。家居与我们的日常生活息息相关，阅读这一分册，读者可以零距离感受5G和智能家居的融合为我们的生活带来的便捷与舒适。对于高科技创造出来的美好生活，读者可以在这里一窥究竟。

最后，特别鸣谢国家科技部重点研发计划项目“兼容C波段的毫米波一体化射频前端系统关键技术（2018YFB1802000）”、广东省科技厅重大科技专项“5G毫米波宽带高效率芯片及相控阵系统研究（2018B010115001）”、中国工程科技发展战略广东研究院战略咨询项目“广东新一代信息技术发展战略研究（201816611292）”等项目对本套丛书的资助。

5G以前所未有的速度和力度带来技术的变革、行业的升级、社会的巨变，也带来极大的挑战，让我们在5G的浪潮中御风而行吧。

2020年7月